全国职业培训推荐教材
人力资源和社会保障部教材办公室评审通过
适合于职业技能短期培训使用

建筑油漆工基本技能

刘东燕　主编

U0332694

中国劳动社会保障出版社

图书在版编目(CIP)数据

建筑油漆工基本技能/刘东燕主编.—北京:中国劳动社会保障出版社,2014

职业技能短期培训教材

ISBN 978-7-5167-0911-5

Ⅰ.①建… Ⅱ.①刘… Ⅲ.①建筑工程-涂漆-技术培训-教材 Ⅳ.①TU767

中国版本图书馆 CIP 数据核字(2014)第 026787 号

中国劳动社会保障出版社出版发行

(北京市惠新东街1号 邮政编码:100029)

*

保定市中画美凯印刷有限公司印刷装订 新华书店经销

850 毫米×1168 毫米 32 开本 3.625 印张 92 千字

2014 年 2 月第 1 版 2021 年 2 月第 4 次印刷

定价:8.00 元

读者服务部电话:(010)64929211/84209101/64921644

营销部电话:(010)64962347

出版社网址:http://www.class.com.cn

前言

  职业技能培训是提高劳动者知识与技能水平、增强劳动者就业能力的有效措施。职业技能短期培训，能够在短期内使受培训者掌握一门技能，达到上岗要求，顺利实现就业。

  为了适应开展职业技能短期培训的需要，促进短期培训向规范化发展，提高培训质量，中国劳动社会保障出版社组织编写了职业技能短期培训系列教材，涉及二产和三产百余种职业（工种）。在组织编写教材的过程中，以相应职业（工种）的国家职业标准和岗位要求为依据，并力求使教材具有以下特点：

  短。教材适合 15～30 天的短期培训，在较短的时间内，让受培训者掌握一种技能，从而实现就业。

  薄。教材厚度薄，字数一般在 10 万字左右。教材中只讲述必要的知识和技能，不详细介绍有关的理论，避免多而全，强调有用和实用，从而将最有效的技能传授给受培训者。

  易。内容通俗，图文并茂，容易学习和掌握。教材以技能操作和技能培养为主线，用图文相结合的方式，通过实例，一步步地介绍各项操作技能，便于学习、理解和对照操作。

  这套教材适合于各级各类职业学校、职业培训机构在开展职业技能短期培训时使用。欢迎职业学校、培训机构和读者对教材中存在的不足之处提出宝贵意见和建议。

人力资源和社会保障部教材办公室

简介

　　本书详细介绍了油漆工最基本的实用知识和技术。主要内容包括：涂料的基本知识、常用工具和机具的使用与维护、涂饰前的基层处理、涂饰基本技法、涂饰施工工艺、安全防护与防火自救。通过本书的学习，学员能够从事油漆工岗位的基本工作。

　　本书在编写过程中，围绕油漆工的工作内容构建教材结构，介绍了有关涂料的分类、命名与编号，常用涂料与辅助材料，涂料储存与保管，安全防护常识，火灾扑救与逃生方法等。根据操作工艺的需要介绍了清除、嵌批、打磨、刷涂、滚涂等工具、机具的使用方法和维护保养方法；介绍了涂饰前常见的基层处理方法；并针对嵌批、打磨、刷涂、滚涂等操作技法进行了讲述。最后详尽讲解了内、外墙面的一般刷浆、内墙面乳胶漆及调和漆、金属面防锈漆及调和漆的涂饰施工操作工艺等相关内容。

　　本书不仅适合各类培训机构开展短期培训使用，也可供相关从业人员自学与参考。

　　本书由天津市建筑工程学校刘东燕主编，由天津市建筑工程学校高级讲师李嘉林主审。第一单元由天津市建筑工程学校张静编写；第二、六单元由天津市建筑工程学校张丽娟编写；第三、四单元由天津四建建筑工程有限公司邱霖编写；第五单元由刘东燕编写。

目录

第一单元 涂料的基本知识

培训目标：

1. 了解涂料的作用、组成。
2. 熟悉涂料的分类、命名和编号。
3. 掌握常用涂料与辅助材料的种类、用途。
4. 能正确储存与保管涂料。

模块一 概 述

涂料是指涂装在物体表面经过物理变化和化学反应而形成固体保护膜的化工产品的总称。涂料在建筑物表面干结成薄膜，这层膜称为涂膜，也称为涂层。

一、涂料的作用

涂料对被涂物体主要起保护和装饰作用。在航海、航空、电器工业领域，涂料起到耐高温、防污、防腐、绝缘等特殊作用，涂料作为色彩标志还广泛应用于城市交通管理等方面。

1. 保护作用

保护作用是指保护建筑物不受环境的影响和破坏的作用。

建筑物、家具、各种设备及日常用品，大多由金属、木材、混凝土构件等材料制成，这些材料受大气中水分、有害气体、微生物、紫外线等的侵蚀会逐渐损坏。因此，在金属、木材、混凝土构件表面涂饰，能取得很好的保护作用。

（1）保护物体免受轻微碰撞或摩擦引起的损坏。涂膜有一定的坚硬度，能抵抗轻微碰撞和摩擦，从而起到保护物体的作用。

（2）使物体表面与周围介质隔绝。涂膜可使物体表面与周围有腐蚀作用的介质隔绝，可免受空气中的水分、腐蚀性气体、日光及微生物的侵蚀。

（3）缓蚀作用和电化学作用。不同种类的被保护体对保护作用的要求也各不相同。有些涂料内部的化学成分能与金属起化学反应，在金属表面形成一层钝化膜，可以增强涂料的防腐蚀效果。建筑工程中常使用大量的钢材和木材，为保证建筑物的正常使用，施涂涂料就显得尤为重要。

2. 装饰作用

装饰作用是指建筑物经涂料的美化，提高外观价值的作用。

建筑物的墙面、地面、顶棚、门窗等部位涂饰各种色彩的涂料后，不但可获得光泽度和平滑性，还可以使人获得美观、舒适的心理感受。以木质面油漆为例，对水曲柳、柚木等木纹美观的木质面，可采用涂饰透明涂料的方法，使木纹显露。对木纹、色泽平淡的木质面，可以用模拟木纹工艺仿制成水曲柳、樟木等贵重木材的纹理和色泽，或仿制成大理石面的纹理，以获得良好的装饰效果。

3. 特殊作用

涂料具有特殊作用，如防火涂料可减缓物体燃烧和火势蔓延的速度；作电器的绝缘涂料；作船舶底部表面防污（防海洋生物附着）抗微生物腐蚀涂料；作烧蚀涂料，其"自我牺牲"可保护宇宙飞船免被高温烧毁；作化学工业中的耐酸、耐碱、耐化学腐蚀、防毒等涂料。

4. 其他作用

涂料在各行各业中用作色彩标志。交通部门用各种色彩的涂料表示警告、危险、安全、前进或停止等信号，以引起驾驶员和行人的注意，从而保障交通安全。机械设备、管道、电气设备中的母线等常涂上不同颜色的涂料，以便于操作人员识别，保证操作安全。建筑用钢筋用不同颜色的涂料区分其级别，使其在运输、保管及使用时避免混淆。冷、热水管道及卫生设备的安装常用红色（暖色）表示热水，绿色（冷色）表示冷水。

二、涂料的组成

组成建筑涂料的物质大致可以分为胶黏剂（也称为主要成膜物质）、颜料（也称为填料，是次要成膜物质）、溶剂（包括水，是黏度调节物质）及辅助材料（如催干剂、增塑剂）等。涂料的组成如图 1—1 所示。

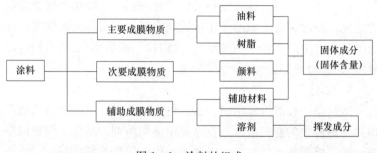

图 1—1　涂料的组成

1. 胶黏剂

胶黏剂可以促使涂料黏附于物体表面，形成坚韧的涂膜，是主要成膜物质，也可与颜料等物质共同成膜，是涂料的基本成分。胶黏剂有油料和树脂两类。

油料 $\begin{cases} \text{动物油（牛油、鱼油）} \\ \text{植物油（桐油、豆油、亚麻籽油）} \end{cases}$

树脂 $\begin{cases} \text{天然树脂（虫胶、松香）} \\ \text{合成树脂（酚醛、醇酸、丙烯酸）} \\ \text{人造树脂（松香甘油脂、硝化纤维）} \end{cases}$

2. 颜料

颜料是涂料中的固体部分，也是构成涂膜骨架的组成部分，但不能离开主要成膜物质单独构成涂膜，所以也称为次要成膜物质。

颜料在涂料中不仅有着色和遮盖作用，还能改善涂膜的物理、化学性能，提高涂膜的附着力、耐久性和防锈性能。

颜料按用途可分为三种，着色颜料、防锈颜料和体质颜料。

（1）着色颜料。着色颜料主要是使涂料具有色彩和良好的遮盖性，可以提高涂层的耐久性和耐候性。一般常用的品种有锑红、锌黄、氧化铁红、钴蓝、锌白、炭黑、铬绿、铬黄等。

（2）防锈颜料。防锈颜料主要是使涂料具有良好的防锈蚀能力，延长物体的使用寿命。它是防锈底漆的主要原料。常用的品种有红丹、铝粉、锌粉、石墨等。

（3）体质颜料。体质颜料又称填充颜料，主要用来增加涂膜的厚度，使涂膜有丰满感，还可提高涂膜的耐磨和耐久性能。常用的品种有重晶石粉（硫酸钡）、大白粉（碳酸钙）、滑石粉（硅酸镁）、云母粉等。

3. 溶剂

溶剂是一种能溶解脂肪、蜡、树脂、沥青、虫胶、植物油等物质的易挥发的有机溶液。在涂料中使用溶剂，是为了调整树脂或油脂等成膜物质的黏度，以利于操作。但当涂料成膜后，它并不留在涂膜中，而是全部挥发掉。

溶剂具有能溶解成膜物质的能力，各类涂料的成膜物质不同，就要分别用相应的溶剂稀释，如果用错就会发生沉淀、析出、失光、施涂困难等问题。常用的溶剂有：松香水、松节油、丙酮、环己酮、乙醇（酒精）、香蕉水（乙酸戊酯）、水，以及各种混合溶剂。

4. 辅助材料

辅助材料也叫助剂，使用最多的是催干剂、固化剂、增塑剂、防潮剂和稀释剂。

（1）催干剂。催干剂的主要作用是加速涂料的干燥。催干剂有固体和液体两种，涂料在出厂时已加所需足量的催干剂，除冬季或施工温度较低时外，一般不必补加催干剂。

（2）固化剂。固化剂的作用是与涂料中的合成树脂发生反应而干结成膜。固化剂是环氧树脂漆、聚氨酯漆等树脂涂料中重要的辅助材料。

（3）增塑剂。以液体状态存留在树脂涂料中的不挥发有机液体叫作增塑剂。增塑剂能填充树脂涂料中树脂结构的空隙，使涂料的塑性和附着力增加,增加涂膜的流平性。

(4)防潮剂。防潮剂用于含有大剂量溶剂的挥发性涂料,以防止涂膜在干燥过程中产生泛白或针孔现象。

(5)稀释剂。稀释剂用于稀释涂料、调节涂料黏度。可根据涂料的成膜物质选择适宜的稀释剂。

三、涂料的分类、命名与编号

1. 涂料的分类

目前广泛采用的是以主要成膜物质为基础的分类方法。若主要成膜物质由两种以上树脂混合组成,则按其中起主要作用的一种树脂作为分类基础,据此将涂料划分为 17 大类,见表 1—1。

表 1—1 涂料的分类

序号	代号(汉语拼音字母)		主要成膜物质
1	Y	油脂漆类	天然动、植物油,清油(熟油),合成油
2	T	天然树脂漆类	松香及其衍生物,虫胶,乳酪素,动物胶,大漆及其衍生物
3	F	酚醛树脂漆类	改性酚醛树脂,纯酚醛树脂
4	L	沥青漆类	天然沥青,石油沥青,煤焦沥青
5	C	醇酸树脂漆类	甘油醇酸树脂,其他改性醇酸树脂
6	A	氨基树脂漆类	脲醛树脂,三聚氰胺甲醛树脂,聚酰亚胺树脂
7	Q	硝基漆类	硝酸纤维素酯
8	M	纤维素漆类	乙基纤维,苄基纤维,羟甲基纤维,醋酸纤维,醋酸丁酸纤维,其他纤维酯及醚类
9	G	过氯乙烯漆类	过氯乙烯树脂
10	X	乙烯漆类	氯乙烯共聚树脂、聚醋酸乙烯及其共聚物,聚乙烯醇缩醛树脂,聚二乙烯乙炔树脂,含氟树脂

序号	代号（汉语拼音字母）		主要成膜物质
11	B	丙烯酸漆类	丙烯酸酯树脂，丙烯酸共聚物及其改性树脂
12	Z	聚酯漆类	饱和聚酯树脂，不饱和聚酯树脂
13	H	环氧树脂漆类	环氧树脂，改性环氧树脂
14	S	聚氨酯漆类	聚氨基甲酸酯
15	W	元素有机漆类	有机硅、有机钛、有机铝等元素有机聚合物
16	J	橡胶漆类	天然橡胶及其衍生物，合成橡胶及其衍生物
17	E	其他漆类	不包括以上所列的其他成膜物质

2. 涂料的命名与编号

（1）涂料的命名。建筑涂料在我国尚没有统一的命名原则，一般传统的油漆涂料的命名原则为：

涂料名称＝颜料或颜色名称＋主要成膜物质名称＋基本名称

例如，白醇酸调和漆＝白色＋醇酸树脂＋调和漆。

有些特殊或专用的涂料，必要时在成膜物质后面加以说明。例如，白硝基外用磁漆、灰醇酸导电磁漆。

（2）涂料和辅助材料的编号

1）涂料的编号。涂料的编号分为三个部分。

第一部分是成膜物质，用汉语拼音字母表示。

第二部分是基本名称，用两位数字表示（即基本名称代号）。

第三部分是序号，表示同类品种之间的组成、配比或用途的不同。

例如，

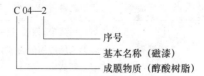

涂料基本名称的编号，采用00～99两位数字表示：00～09代表基本品种；10～19代表美术漆；20～29代表轻工用漆；30～39代表绝缘漆；40～49代表船舶漆；50～59代表防腐蚀漆等。部分涂料基本名称编号，见表1—2。

表 1—2　　　　　部分涂料基本名称编号

代号	名称	代号	名称
00	清油	40	防污漆、防蛆漆
01	清漆	50	耐酸漆
02	厚漆	51	耐碱漆
03	调和漆	52	防腐漆
04	磁漆	53	防锈漆
05	烘漆	54	耐油漆
06	底漆	55	耐水漆
07	腻子	60	防火漆
08	水溶漆、乳胶漆	65	粉末涂料
09	大漆	66	感光涂料
10	锤纹漆	80	地板漆
11	皱纹漆	84	黑板漆
12	裂纹漆	85	调色漆
13	晶纹漆	86	标志漆、路线漆
14	透明漆	98	胶液
22	木器漆	99	其他

2）辅助材料的编号。辅助材料的编号分为两个部分。

第一部分是辅助材料的种类，用汉语拼音字母表示。

第二部分是序号，用阿拉伯数字表示，说明这类辅助材料中的一个品种。

例如，

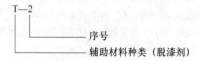

辅助材料分类，见表1—3。

表1—3　　　　　　　辅助材料分类

序号	代号	名称（种类）	序号	代号	名称（种类）
1	X	稀释剂	4	T	脱漆剂
2	F	防潮剂	5	H	固化剂
3	G	催干剂	6	Z	增塑剂

模块二　常用涂料与辅助材料

一、常用油漆种类、特点与用途

常用油漆种类、特点与用途，见表1—4。

表1—4　　　　　　常用油漆种类、特点与用途

油漆种类	特点与用途
油脂漆类	油脂漆是以具有干燥能力的油类制造的油漆。油脂漆类是与空气中的氧作用干燥成膜。常用的有以下几种 （1）清油 　又名鱼油、熟油、调漆油。代号为Y00-。它是精制干性油经氧化聚合或高温热聚合后加入催干剂制成的 　特点：施工方便，价廉，气味小，储存期长，有一定的防护性能。同时，涂膜软，易发黏，干燥慢，只能用于要求不高的涂层 　主要用来调制厚漆、防锈漆、腻子及其他漆料用，也可单独涂饰于木材金属面做防水防潮涂层 （2）厚漆 　又名铅油。代号为Y02-。厚漆是由着色颜料、体质颜料与精制干性油经研磨而成的稠厚浆状物质。它的油一般只占总重量的10%～20%。厚漆不能直接使用，必须加上适量的熟桐油和松香水调配至可使用的稠度。在冬季涂刷需加上适量的催干剂才能干燥 　特点：价格便宜，黏度和干性可随意控制，涂膜软，耐久性不理想，调配时质量无保证，不能做高质量的涂层

油漆种类	特点与用途
油脂漆类	厚漆可作底漆，也可单独作面漆，但亮度和硬度差；也可调配油色、腻子 （3）油性调和漆 代号为 Y03-。它是由着色颜料、体质颜料与干性油经研磨后，加入溶剂、催干剂及其他辅助材料制成的 特点：施工方便，涂膜附着力好，不易脱落龟裂。涂膜软，光泽差，耐候性差，但用耐晒铅锌类白颜料配制的浅色调和漆的硬度、致密性、抗水性及耐久性较好；黑色油性调和漆由于干燥慢，光泽差，耐候性差，现已很少使用 主要供质量要求不高的普通建筑做室外钢铁、木材、砖石、抹灰等表面的涂饰 （4）防锈漆 代号为 Y53-。它是干性油与防锈颜料、体质颜料经混合研磨后加溶剂、催干剂制成的 特点：油脂的渗透、湿润性好，涂膜充分干燥后附着力、柔韧性好。对表面的处理不以以树脂为基料的防锈漆那样严格。不足之处是干燥慢、涂膜软，已逐步被其他防锈漆所代替 主要用于户外黑色金属的防锈涂料
天然树脂漆类	（1）虫胶清漆 主要优点是施工方便、干燥迅速、漆膜坚硬、光亮透明。其缺点是不耐酸碱、不耐太阳暴晒、耐水性差、易吸潮泛白等 （2）酯胶清漆 主要是用甘油松香制成的一种漆，漆膜硬，能够耐水。但干燥性不好，光泽也不持久 （3）钙酯清漆 它是用石灰松香制成的一种漆，漆膜硬，光泽好，干燥较快。但因不耐久、不耐水而力学性能差，故不能用于室外 （4）大漆及其改性漆 生漆、国漆和天然漆统称大漆，是我国特产，在世界上享有盛誉。它是由漆树上割采下来的树汁，滤去杂质经加工制成的。其优点是漆膜坚硬、富有光泽，具有耐久性、耐磨性、耐水性、耐热性和多种耐化学腐蚀性。它不仅与木材、竹器的结合力非常好，而且与钢铁制品的附着力也极佳。生漆的缺点是性脆、抗曲折性差，不适宜在强氧化剂和强碱的设备上涂用。它还有色深、不耐阳光、毒性较大等缺点

油漆种类	特点与用途
酚醛树脂漆	它是由酚类与醛类经缩聚反应制成的树脂。有较好的耐久性和耐化学药品腐蚀性，耐水性更为突出。它的各色磁漆由于涂膜易变深，故不适宜制成浅色漆。它有各种底漆、腻子、清漆和磁漆，其清漆可用于木制家具的涂饰 建筑油漆中所用的酚醛树脂主要有两类：油溶性纯酚醛树脂和改性酚醛树脂，后者用得较多，其优点是干燥较快、附着力好、涂膜较硬、耐水耐化学腐蚀较好，有一定的绝缘能力，但涂膜较脆，色易变深，耐大气差、易粉化，不宜做白漆。其用途较广，一般室内外门窗、地板等木质面层及金属面层都可用此涂料
醇酸树脂漆类	它是由多元醇、多元酸与脂肪酸缩合而成的，以醇酸树脂为主要成膜物质的油漆。它是一个很好品种，使用相当广泛，施工方便，可刷漆、喷涂，且成膜快、附着力好、光泽持久，不易老化，耐候性好，抗矿物油及醇类溶剂性也较好。但耐碱、耐水性不理想，不宜用在新抹灰、水泥、砖石等碱性基层面上 常用醇酸树脂漆中有醇酸清漆、各色醇酸磁漆、各色醇酸调和漆、各色醇酸底漆、醇酸防锈漆等
硝基漆类	它是以硝基纤维为主要成膜物质，再配以合成树脂、增塑剂、颜料，溶于有机溶剂制成的。其优点是应用较广泛，漆膜干燥快，涂膜坚硬有较好的耐磨性，涂膜平整光亮装饰性好，有一定耐化学性，防霉性较好。但由于其固体含量低、遮盖力差，对基层处理要求严格。施工时溶剂大量挥发，污染环境，是一级易燃物 常用的硝基漆有硝基清漆（又名腊克）、硝基木器清漆、硝基外用磁漆、硝基内用磁漆、硝基底漆、硝基透明漆等
过氯乙烯漆类	它是以过氯乙烯树脂为主要成膜物质，加以适量的其他树脂、增塑剂、颜料等，经研磨后溶于有机溶剂配制而成的一种挥发性的油漆。它是专门用于耐酸、防腐、防火用的挥发性油漆。其耐候性、耐油性、耐酸耐碱、耐酒精等耐化学性较好，并具有耐水性和抗霉菌性，可在湿热地区用作"三防"油漆。有良好的耐寒性能。其附着力差，须选择适当的底漆。耐热性差，宜在60℃以下部位使用。硬度低，不宜打磨抛光。溶剂释放性差，涂膜表面干燥虽快，但干透很慢，在溶剂未全部挥发之前涂膜较软。过氯乙烯各个品种有其自己专用的配套底漆、中间层漆、面漆和稀释剂，这一点必须注意 常用过氯乙烯漆的品种有：过氯乙烯清漆，各色过氯乙烯磁漆、各色过氯乙烯腻子、各色过氯乙烯底漆、各色过氯乙烯二道漆、过氯乙烯防腐清漆、各色过氯乙烯防腐漆等

油漆种类	特点与用途
乙烯树脂漆类	该漆膜坚韧、不易燃，对酸、碱、油、氧化剂的作用极其稳定。它具有优良的耐化学腐蚀性及耐水性，并适用于水下金属物件的防腐涂用，是船舶等海水中构件的较好涂料 　　乙烯类树脂漆品种繁多。常用聚氯乙烯树脂漆可供聚氯乙烯塑料制品表面涂饰；氯乙烯—偏氯乙烯树脂漆可用于金属、建筑物的混凝土表面、皮革、橡胶织物等涂饰；氯乙烯—醋酸乙烯共聚树脂漆可供耐化学腐蚀、耐海水的构筑物、船舶各部位的涂饰；聚醋酸乙烯漆适用于建筑物内、外墙涂饰；聚乙烯醇缩醛类漆可供作漆包线用漆；二乙烯基乙炔树脂类漆用作防腐蚀涂料、防水涂料、船底防锈漆等
聚氨酯漆类	它是以聚氨基甲酸酯树脂为主要成膜物的油漆，具有优良的防腐蚀性。其耐磨性、弹性、附着力、耐久性和绝缘性都较好 　　(1) 聚氯酯改性油 　　它具有比醇酯漆更好的耐碱、耐油和耐溶剂性，既可用于涂饰木材制件，也可以涂覆水泥等作为防护性油漆 　　(2) 湿固化型聚氨酯 　　它是以异氰酸酯类与含有羟基的聚酯、聚醚树脂或其他化合物反应而制成的一种漆。涂膜可在潮湿表面或空气湿度大的环境中施工固化。具有涂膜坚韧、致密、耐磨、耐化学侵蚀，有良好的抗污染和耐油性。但有毒性，使用时应有相应的保护措施。适宜作潮湿环境中的防腐油漆、抹灰面上潮湿部位的封闭油漆。适用于水泥地面涂料及耐化学耐磨墙面 　　(3) 催化型聚氨酯 　　它的涂膜固化原理与湿固化型相似，由于加入催干剂，干燥快，不必考虑环境湿度，施工方便。它具有很好的耐磨性、附着力、耐水性和光泽。主要用于高级建筑的木质、水泥面的涂装，如各色地板漆等 　　(4) 羟基聚氨酯 　　它是一种双组分涂料，是聚氨酯涂料中品种最多的一种，有清漆、底漆和色漆。具有优良的耐磨、耐溶剂、耐水、耐化学腐蚀性。应用范围很广，可用于建筑的表面装饰，以及木质、水泥，金属面的高级涂装等 　　(5) 封闭型聚氨酯 　　它是由二异氰酸酯、苯酚或其他化合物封闭的加合物和多羟基组分制得的一种涂料。这种涂料需要加热烘烤，使其涂层在高温条件下固化成膜。因此，它的涂膜性能好，其清漆可作为强度要求高的漆包线漆

油漆种类	特点与用途
环氧树脂漆类	它是由环氧氯丙烷和二酚基丙烷在碱的作用下缩聚而成的。它对金属表面的附着力和耐化学腐蚀性好，耐碱性尤为优良。它的漆膜硬度高，韧性也较好，耐翘曲和耐冲击是它的突出特点。因此在建筑上被广泛用于防化学、防腐蚀 环氧树脂漆品种主要有溶剂型、无溶剂型和粉末型三种类型
橡胶漆类	它是以天然橡胶衍生物或合成橡胶为主要成膜物质制成的涂料。为提高涂膜性能，需加入天然树脂或合成树脂、添加剂及颜料。其主要品种有 （1）氯化橡胶漆 它是由天然橡胶经深度氯化，加入树脂颜料及多种添加剂制成的。它具有优良的耐化学性及耐水性，涂膜坚韧、耐磨，保色性和附着力好，耐燃性也好，固体含量高，有优异的绝缘性和防霉性。但在高温下会失去附着力而损坏，不能抵抗强硝酸、浓醋酸、28%氢氧化氨溶液和动植物脂肪酸。它适用于作潮湿环境的混凝土、砖石面及游泳池的涂料，适用于作钢铁、镀锌面的底漆或面漆，而且还可以作船舶、化工机械设备、储槽、管道的防腐蚀涂料 （2）氯丁橡胶漆 它是由二烯聚合而成的，有单组分和双组分。它的优点是能耐水、耐磨、耐晒、耐碱、耐高温、耐低温，对金属、木材、水泥有良好的附着力。其缺点是对颜色有变深的倾向，不宜制造白漆或浅色漆。它适合作地下、水下和潮湿环境中物面的防腐蚀涂料 （3）丁苯橡胶 它是由二烯与苯乙烯的共聚物制成的。其特点是涂膜透明、无味、无臭、无毒，耐酸碱和醇，涂膜干燥快。它适于作砖石、混凝土面的外涂料和室内水泥地面涂料 （4）丙苯橡胶涂料 它是由丙乙烯与丙烯酸的共聚物制成的。其特点是涂膜坚韧，耐磨，遮盖力强，对各种物面附着力强，能溶于石油溶剂中。适于作室内外砖石、混凝土面的防水涂料
有机硅树脂漆类	它是以有机硅树脂为主要成膜物质的涂料。具有耐高温、耐低温、耐化学性、耐水性和防霉性均较好的特点，适于作防水涂料

油漆种类	特点与用途
沥青漆类	它是以沥青为主要成膜物质的涂料。其特点是耐化学性好，有独特的防水性和防腐蚀，原材料易得，施工简便。品种可分溶剂型和水乳型两类。适宜作室外各种基层的防护用漆
丙烯酸树脂漆类	它是由甲基丙烯酯与丙烯酸酯的共聚树脂为主要成膜物质的涂料。它的突出特点是光泽和保色、保光性能好，户外耐久性好，而且耐汽油及酸、碱等化学物品。其耐湿热、盐雾、霉菌性也较好。适用于高级木面装饰，航空、机器、仪表、医疗器械、电冰箱、电风扇、缝纫机、自行车等装漆。其主要可分为两大类：一是热塑型丙烯酸树脂漆；二是热固型丙烯酸树脂漆

二、建筑装饰涂料与辅助材料

1. 建筑装饰涂料

常用建筑装饰涂料见表1—5。

表1—5　　　　　　　　常用建筑装饰涂料

涂料种类	简　　介
聚乙烯醇水玻璃内墙涂料	它是以聚乙烯醇树脂水溶液及水玻璃为基料，混合一定数量的填料、颜料和助剂，经混合研磨、分散而成的一种水溶性涂料。颜色丰富鲜艳，刷、滚、喷施工均可，可作建筑内墙耐擦洗装饰涂料
合成树脂乳液内墙涂料	它是以合成树脂乳液为黏结剂的薄型内墙建筑涂料。用水稀释，不含有机溶剂，安全、无毒、无味、不燃，附着力较好，并有一定的耐水、耐碱作用。在诸多品种中以丙烯酸酯乳液含量高的涂料质量较好。技术上要求易于施工，在自然环境条件下能干燥、固化，涂层间的涂装间隔时间一般情况下应不大于24 h
合成树脂乳液外墙涂料	与内墙涂料相比，其耐水性、耐候性、抗辐射性能、耐污染性都有所提高，不能相互代替使用
水溶性内墙涂料	它是以水溶性化合物为基料，加入一定量的填料、颜料及助剂，经研磨而成的涂料。此料有一定的透气性，对基层湿度要求不高，不含有机溶剂，安全、无毒、无味、不燃、不污染环境。适用于室内装饰。产品分两类：Ⅰ类适用于浴室、厨房涂饰；Ⅱ类适用于一般房间涂饰

涂料种类	简　介
合成树脂乳液砂壁状涂料	它是以合成树脂乳液为主要黏结剂，以砂粒和石粉为集料，采用喷涂方法施工，形成粗面涂层。该料无有机溶剂，具有无毒、无味、耐水、耐候性好的特点，涂膜坚韧，质感丰富
复层建筑涂料	它是以水泥系、硅酸盐系和合成树脂系等黏结料和集料为主要原料，用刷涂、滚涂或喷涂等方法，在建筑物墙面上涂布2～3层，厚度为1～5 mm，为平面状或凹凸状的复层，一般由底层、主层、面层组成。根据主涂层所用黏结料不同，分为聚合物水泥系复层涂料、硅酸盐系复层涂料、合成树脂乳液系复层涂料和反应固化型合成树脂乳液系复层涂料四种。其面层用于装饰和着色，并提高涂料的耐候性、耐污染性及防水性。适用于室内、外墙面涂饰

2. 辅助材料

常用辅助材料种类与用途见表1—6。

表 1—6　　　　　　　常用辅助材料种类与用途

辅助材料	种类及用途
腻子	它是用来将物面上的洞眼、裂缝、砂眼、木纹鬃眼及其他缺陷填实补平，使物面平整。腻子一般由体质颜料与黏结剂、着色颜料、水或溶剂、催干剂等组成。常用的体质颜料有大白粉、石膏、滑石粉、香晶石粉等等。黏结剂一般有血料、熟桐油、清漆、合成树脂溶液、乳液、鸡脚菜及水等。腻子应根据基层、底漆、面漆的性质选用，最好是配套使用。成品腻子和调配腻子的组成、性能和用途见表1—7
着色材料	1）染料：主要用来改变木材的天然颜色，在保持木材自然纹理的基础上，使其呈现鲜艳透明的光泽，提高涂饰面的质量。染料是一种有机化合物，染料色素能渗入物体内部，使物体表面的颜色鲜艳而透明，并有一定的坚牢度 2）填孔料：填孔料有水老粉和油老粉，是由体质颜料、着色颜料、水或油等调配而成的

辅助材料	种类及用途
胶料	主要用于水浆涂料或调配腻子用，有时也作封闭涂层用，常用的胶有动植物胶和人工合成的化学胶料。主要有以下几种 　　1）白乳胶：又叫聚醋酸乙烯乳液，黏结强度好，无毒、无臭、无腐蚀性，使用方便，价格便宜。它是当前做水泥地面涂层和粘贴塑料面板用量最多且理想的一种胶黏剂 　　2）皮胶和骨胶：多用于木材黏接及墙面粉浆料的胶黏剂 　　3）107胶：又称聚乙烯醇缩甲醛胶，不燃，有良好的黏结性，可用水稀释剂。它可作玻璃纤维墙布、塑料壁纸的裱糊胶。与水泥、砂配成聚合砂浆，有一定的防水性和良好的耐久性及黏结性，可调配彩色弹涂色浆的黏结材料，目前基本以108胶取代 　　4）其他合成胶：主要有尿醛树脂、酚醛树脂、三聚氰胺—甲醛树脂、环氧—聚酰胺树脂和酚醛—乙烯树脂等

3. 腻子

常用腻子种类、组成与用途见表1—7。

表1—7　　　　　常用腻子种类、组成与用途

种类	组成及配比（重量比）				性能用途
	料名	配方1	配方2	配方3	
石膏油腻子	熟石膏粉	1	0.8～0.9	1	使用方便，干燥快，硬度好，刮涂性好，易打磨，适用于金属、木质、水泥面
	清油或熟桐油	0.3	1	0.5	
	厚漆	0.3		0.5	
	松香水	0.3	适量	0.25	
	水	适量	0.25～0.3	0.25	
	液体催干剂	松香水和熟桐油重量的1%～2%			
虫胶腻子	大白粉	75			干燥快，不渗陷，坚硬，附着力好，须现调现用，用于木质面孔隙的初步嵌补
	虫胶清漆	24.5			
	颜料	0.8			
硝基腻子	硝基漆	1			与硝基漆配套使用
	香蕉水	3			
	大白粉	适量			

种类	组成及配比（重量比）				性能用途
乳胶腻子	大白粉	2	3	4	易施工，强度好，不易脱落，嵌补刮涂性好，用于抹灰、水泥面
	聚醋酸乙烯乳液	1	1	1	
	羧甲基纤维素	适量	适量	适量	
	六偏磷酸钠	适量	适量	适量	
过氯乙烯腻子	用过氯乙烯底漆与磺粉拌和而成，如黏性或塑性差时，可用部分过氯乙烯清漆代替底漆				与过氯乙烯漆配套使用
血料腻子	大白粉	56			操作简便，易刮涂填嵌，易打磨，干燥快，适用于木质、水泥抹灰面
	血料	16			
	鸡脚菜	1			

模块三　涂料的储存与保管

　　多数涂料是缺乏稳定性、易燃的液体物质，如果储存或保管不当，往往会发生沉淀、干结、胶化等变质、变态情况，甚至起火爆炸。如水性乳胶漆，在温度低于零度的时候，容易破坏乳化状态，而使其变质报废。因此需要正确掌握涂料的储存与保管方法。

一、涂料的储存与保管方法

　　常用涂料的储存与保管方法见表1—8。

表1—8　　　　　常用涂料的储存与保管方法

材料名称	存放方式	注意事项
油性漆 醇酸漆 聚氨酯漆 油性清漆 聚氨酯清漆 油性填充剂 醇溶性清漆 腻子 沥青	放在架子上，应注明标志。为避免存放时间长而变质，应把新来的材料放在后面	盖子应拧紧，防止挥发和结皮。恒温能使涂料黏度适宜。重容器放在下面，以防搬运困难。罐装的颜料、材料应定期倒过来放置，以防沉淀

材料名称	存放方式	注意事项
乳液涂料 乳液清漆 丙烯酸涂料 糊精 多彩漆 白垩 干性颜料 熟石膏 胶 膏状粉末 粉末状填充剂	放在架子上，注明标志。新来的材料放在先储存物品的后边，不能受冻 小件放在架子上，大件放在地面垫板上，零散材料放在有盖箱子里	防止冰冻。水性涂料都有存放期限，必须在限期内用完 应防止潮湿。注意石膏存放期限，并防湿，以防凝结
醇溶性脱漆剂	放在架子上	温度超过 15℃ 会引起膨胀，以至突然冒出容器。防止明火
砂纸	应保持平整，装在盒内或袋内便于识别	防止过热，以免砂纸变质，防止潮湿，否则使玻璃砂纸和石榴石砂纸的质量降低
石蜡 杂酚油	(a) 装在有开关的铁桶里放在支架上 (b) 装入 5～20 L 的带螺丝口的罐里，放在低处	拧紧盖子，放在与主建筑物分开的密封场所内
液态气体 压缩气体 石油 纤维素涂料 纤维素稀释剂 氯化橡胶稀释剂 甲基化酒精 聚氯基甲酸酯稀释剂	(a) 放在外边应防止冰雪和阳光直射 (b) 专用仓库的构造如下 墙：应用砖、石、混凝土或其他防火材料砌筑 屋面：应用易碎材料铺盖以减少爆炸力 门窗：厚度为 50 mm 向外开 玻璃：厚度应不小于 6 mm 的嵌丝玻璃 地面：混凝土地面，应倾斜，溢出的溶液不应留在容器下 照明开关：为了不引起火花应安在室外	按最易燃烧的液体和液化石油气的使用储存规章存放（注：这些规章只适用于存放 50 L 以上的材料） 存放材料需得到地方有关检查部门的准许

二、涂料储存与保管的注意事项

（1）涂料的搬运或堆放要轻装、轻卸，保持包装容器的完好和密封，切勿将涂料桶任意滚扔。

（2）涂料避免露天存放，应存放在干燥、阴凉、通风、隔热、无阳光直射、附近无直接火源的库房内，并备有必要的消防设备。

（3）库房内温度最好保持在 5～32℃。乳胶漆、无机装饰涂料的保管储存应特别注意密封和防冻。

（4）涂料桶应放置在木架上，如必须放在地面时，地面上应密布横栅，将桶垫起离地面 10 cm 以上，以利于通风，以免桶底受潮生锈穿孔。注意堆放涂料桶最好不超过三层。

（5）涂料入库应分类登记，注明厂名、出厂日期、批号、进库日期，严格按照"先生产先使用"的原则发料，对多组分涂料必须按照原有的规格、数量配套存放。对易燃的有毒物品应贴有标记和中毒后的解救方法。

（6）对易沉淀的色漆、防锈漆，应每隔一段时间就将漆桶倒置一次。

（7）不同品种的颜料应分别存放，与酸碱隔离，以免互相沾染或起反应。

（8）对超过储存期限，已有变质迹象的涂料应尽快检验，取样试用，查看效果；如无质量问题须尽快使用，以避免浪费。

（9）涂料或稀释剂开桶时，应在仓库外进行，并避免使用金属器械敲击，以免产生火花。

（10）涂料桶开罐配置时，可能发现各种弊病或病态，如沉底、结块、结皮、析出、胶凝、干化等，应按照涂料的相关防治措施进行处理，如将涂料充分搅拌均匀和过滤等。

（11）对已调配好的漆料，应在包装上注明漆种、用途、颜色等，以防用错。

（12）油漆使用后，若有剩余，应集中后退回库房，入库时应加入适量的溶剂，并将油漆罐盖密封好，以防进入空气而起皮。如果发现有结皮和粗粒现象，用 120～180 目铜筛子过滤后方可使用。

第二单元　常用工具、机具的使用与维护

培训目标:

1. 了解研磨材料代号和粒度的含义。

2. 熟悉研磨材料选择和使用的方法。

3. 掌握清除、嵌批、打磨、刷涂、滚涂工具的种类和选择方法。

4. 能正确维护与保管清除、嵌批、打磨、刷涂、滚涂工具和常用机具。

5. 能正确使用常用机具。

6. 会正确使用清除、嵌批、打磨、刷涂、滚涂工具。

模块一　清除工具的使用与维护

一、铲刀

铲刀的刀口要平,刀刃要好,弯至 55°角时,仍能恢复原态,刀薄而利,如图 2—1a 所示。按照刀宽分为 25 mm (1″)、38 mm (1.5″)、50 mm (2″)、68 mm (2.5″) 四种规格。适用于清除基层表面松散的沉积物、旧壁纸、旧漆膜等。

1. 使用方法

清理灰土时手拿铲刀的刀片上,大拇指在一面,四指压紧另一面,如图 2—1b 所示。清理墙面水泥砂浆或金属面上较硬沉积物时,将铲柄顶在手心,食指压在刀尾部,保持一定的倾斜角度适度用力向前铲,如图 2—1c 所示。

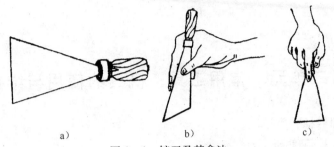

a)   b)   c)

图 2—1 铲刀及其拿法

a）铲刀 b）清理灰土的拿法 c）清理较硬沉积物的拿法

2. 维护保管方法

铲刀用完后应清除残留物，擦净刀片、刃口，及时除去锈渍。

二、金属刷

金属刷分为钢丝刷和铜丝刷。规格为长 65～285 mm，有多种形状，如图 2—2 所示。适用于清除钢铁部件上的锈蚀层、斑渍和其他基层上的松散沉积物。当有特殊防火要求时，应使用不易起火花的铜丝刷。

图 2—2 金属刷

1. 使用方法

使用时两脚站稳，紧握刷柄，用拇指或食指压在刷背上，向前下方用力推进，使刷毛倒向一边，回来时先将刷毛立起，然后向后下方拉回；否则刷子容易边走边蹦，按不住，除掉的东西也不多，只有几道刷痕。如果刷子较大，在刷背上安一个手柄，双手操作，会更加省力。

2. 维护保管方法

金属刷使用后，应及时清除内部残留物并擦净，存放在干燥通风处。

三、刮刀

刮刀是在长把手上安装可替换的刀片，刀片宽度规格为 45~80 mm，如图 2—3 所示。适用于清除旧油漆、斑渍、灰渣、起皮、松动、鼓包等。

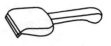

图 2—3　刮刀

1. 使用方法

使用时，手握刀柄，保持一定的倾斜角度，适度用力向后下方刮。

2. 维护保管方法

工作结束后，将刮刀面清理干净，并及时更换刀片，保持刮刀刀刃锋利。

四、斜面刮刀

斜面刮刀一般与涂料清除剂或火焰清除器配合使用，如图 2—4 所示。适用于刮除凹凸线脚、檐板和装饰物上的旧漆碎片，还可用于清理灰浆表面的裂缝。

图 2—4　斜面刮刀

1. 使用方法

使用时手握刀柄，保持一定的倾斜角度，适度用力向前或向后刮。根据基层的具体情况，更换不同形状的刮刀片。

2. 维护保管方法

工作结束后，将刮刀面及时清理干净，并经常锉磨，保持刮刀锋利。

模块二　嵌批工具的使用与维护

一、腻子刮铲

　　刮铲类似铲刀，但刀片薄而宽、柔韧。
不要求其锋利，但需平整无缺口。刮铲由
弹性钢板镶上木柄制作而成，常用规格有
30 mm、50 mm、63 mm、76 mm 等，如图
2—5 所示。适用于调配、填嵌腻子。

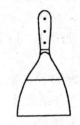

图 2—5　腻子刮铲

　　1. 使用方法

　　调配腻子时，食指紧压刀片，其余四
指握住铲柄，正、反两面交替调拌。嵌批
孔眼、缝隙时，应先用铲头嵌满填实，再用铲刀压紧腻子来回
批刮。

　　2. 维护保管方法

　　工作结束后，应将铲面清理干净，如短时间不用，可在刀面
上涂些黄油，用油纸包好或用护套保护好刃口。铲口卷曲或者两
角磨圆时，在磨刀石上磨平即可继续使用。

二、腻子刀（油灰刀）

　　腻子刀外表与铲刀相似，但刀
片薄且一边直一边曲或两边都是曲
线形，经特殊处理后非常柔韧。刀
片本身不要求锋利，但应平整无缺
口。规格按刀片长度分为 112 mm 和

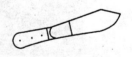

图 2—6　腻子刀

125 mm 两种，如图 2—6 所示。主要用于调配腻子、嵌批腻子
填塞木材表面的小孔、浅坑、窄缝处，镶玻璃时可以将腻子刮成
斜面。

　　1. 使用方法

　　使用方法同腻子刮铲。

2. 维护保管方法

工作结束后，擦净刮板上残存的腻子，妥善保存备用。如果刀片两角磨损变秃，应及时用砂轮或砂布磨刃修理；如果木柄松动，可往木柄仓眼中灌入少许环氧树脂胶或脲醛胶，将刀头与木柄按紧，待胶凝固即可使用。

三、钢皮刮板

钢皮刮板也称为钢皮刮刀，是用钢板镶嵌在材质比较坚硬的木柄或夹板上制成的刮具。钢皮刮板有硬刮板和软刮板两种，弹性钢片以平、直、圆、钝为佳。硬刮板为矩形，能刮掉前层腻子的干渣，适用于批刮较密实的部位和刮涂头几遍腻子，如图 2—7a 所示；软刮板采用 0.2~0.5 mm 薄钢板制成，薄而柔韧、平整，适用于批刮薄层腻子、较精细的基层和最后一遍腻子的刮光，如图 2—7b 所示。

1. 使用方法

操作时拇指在刮板前，其余四指在后，批刮时要用力按住刮板，使刮板与物面保持一定的倾斜度，一般以 $45°~60°$ 角进行操作。

2. 维护保管方法

工作结束后，擦净刮板上残存的腻子，妥善保存备用。如果在较长时间内不用，可将钢片部位稍抹一点机油，以防锈蚀，再用油纸或塑料膜包好存放。

四、牛角刮板

牛角刮板也称为牛角刮刀、牛角翘。牛角刮板是用水牛角制成的薄板状刮涂工具。新牛角刮板在使用前应将刃口用玻璃刮薄，刃口处向上逐渐变厚，再用水砂纸打磨光滑。牛角刮板规格按刃口宽度分三种，大型（10 cm 以上）、中型（4~10 cm）、小型（4 cm 以下）。牛角刮板光滑而发涩，能带住腻子，适合在板面上刮涂各种腻子，如图 2—7c 所示。

1. 使用方法

嵌补时用大拇指和中指、食指分别夹住牛角刮板的两个面，要握紧、拿稳。操作时手腕应通过手臂并配合身体的移动来批刮。嵌补时不能只顺一个方向刮，这样容易只填满洞眼的 3/4，应向上一刮再向下一刮，才能将洞眼全部填实。在一个平面上一般只刮一至两个来回即可。

对于地板，可将腻子堆成条状，用牛角刮板紧压来回收刮；找补腻子和刮涂钉眼用小型牛角刮板的尖端进行收刮。

2. 维护保管方法

工作结束后，应将刮板两面擦洗干净。使用时间久了，刮板的刃口会磨损变厚，需经常用玻璃片修刮，并在水砂纸上将刃口磨平磨齐。

为防止牛角刮板长时间浸泡或受热而发生变形，可用一块硬质木块，在顶端锯开几条缝，牛角刮板用完后擦净，插入锯缝内即可；也可将牛角刮板压在重物下或插放在木质夹具中。如果已经变形，可以用火烘烤或开水浸泡，使其变软后再压在重物下，即能恢复原状。

五、橡皮刮板

橡皮刮板也称为橡胶刮板、胶皮刮板，根据工艺需要可以自制。橡皮刮板是采用4～12 mm厚的橡胶板，用两块质地较硬、表面平整光滑的木板将橡胶板的大部分夹住，留出约40 mm作为批刮刀口的刮具，特点是柔软而富有弹性，如图2—7d所示。

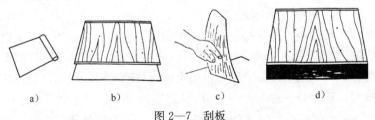

a)   b)   c)   d)

图 2—7　刮板

a) 钢皮刮板（硬）　b)钢皮刮板（软）　c)牛角刮板　d)橡皮刮板

1. 使用方法

新制作的橡皮刮板应用砂布将刃口磨齐、磨薄，再在细磨刀石上磨平即可使用。使用时拇指放在板前，四指托于板后，批刮腻子时用力按住刮板，倾斜 60°～80°角。厚橡皮刮板用于厚层的水性腻子和不平物件的头遍腻子，适用于刮平和收边，但不易做到平、净、光。薄橡皮刮板适用于刮圆，如大面积圆柱、圆角等。

2. 维护保管方法

工作结束后，用软布蘸少许溶剂，将刮板表面的腻子擦净，用纸包好存放。

六、托板

托板是用油浸胶合板、复合胶合板或厚塑料板制成的，如图2—8所示。用于填抹大孔隙的托板，尺寸为 100 mm×130 mm；用于填抹细缝隙的托板，尺寸为 180 mm×230 mm（包括手柄长度）。

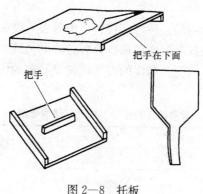

图 2—8 托板

1. 使用方法

拌和及承托腻子等各种填充料，在填补大缝隙和孔穴时用其盛放砂浆。

2. 维护保管方法

工作结束后，应将托板表面清洗干净，放于通风干燥处，以备以后使用。

模块三 打磨工具的使用与维护

对物体表面进行打磨，实际上是用大量的磨料细粒对物体表面的切削过程，研磨材料的选用、打磨工具的使用直接影响打磨的质量，而最终会影响到涂层的质量和外观效果。

一、研磨材料的选用

砂布或砂纸是将天然或人造磨料用黏结剂黏结在布或纸上制作而成的。目前使用的磨料大多为人造磨料，包括人造刚玉、人造金刚砂、玻璃和各种金属碳化物。磨料的性质与它的形状、硬度和韧性有很大的关系。我国采用的砂布和砂纸规格是根据磨料的粒度来划分的，其中砂布和木砂纸代号越大颗粒越粗，水砂纸则相反，代号越大颗粒越细，且两者用途也不同。

1. 砂布

砂布是最常用的一种打磨材料，由骨胶等胶黏剂将金刚砂或刚玉砂黏结在布面上制作而成，具有较好的韧性和耐用性，适用于木材、金属、水泥等基层的打磨。常见砂布的代号、粒度与适用范围见表2—1。

表2—1　　　　常用砂布的代号、粒度与适用范围

代号与粒度、号数对照			规格/mm	适用范围
代号	粒度	号数	长×宽	
0000	200	200	290×290	
000	180	180	290×290	（1）80号以下的磨料较粗，适用于金属面除锈、打磨头道腻子等；100号～120号适于打磨白木和各种腻子；120号～200号颗粒较细，多用于金属面轻微锈蚀、底涂料等打磨
00	150	150	290×290	
0	120	120	290×290	
1	100	100	290×290	
$1\frac{1}{2}$	80	80	280×230	
2	60	60	280×230	
$2\frac{1}{2}$	46	46	290×210	（2）砂布的磨料是金刚砂。砂布受潮变软，可在太阳下晒硬再用
3	36	36	290×210	
$3\frac{1}{2}$	30	30	290×210	
4	24	24	290×210	

2. 木砂纸

木砂纸是用动物皮胶或骨胶将磨料黏结于木浆纸上的不耐水的打磨材料。颗粒较粗的木砂纸适用于打磨木质面的毛刺、棱角、腻子和粗糙漆膜等；颗粒较细的木砂纸适用于打磨涂膜和细致物表面等。目前木砂纸多采用浅黄色纸基，常用木砂纸的代号、粒度与适用范围见表2—2。

表2—2　　　常用木砂纸的代号、粒度与适用范围

代号与粒度、号数对照			规格/mm	适用范围
代号	粒度	号数	长×宽	
00	150	160	285×190	（1）60号以下的木砂纸颗粒粗，主要用于打磨较粗糙的木制品；80号～100号砂纸可用于中档木器及腻子；120号～160号木砂纸颗粒较细，多用于打磨高档木面
0	120	140	290×210	
1	80	100	285×230	
$1\frac{1}{2}$	60	80	285×230	
2	46	60	280×208	
$2\frac{1}{2}$	36	46	280×208	（2）木砂纸的磨料是玻璃砂，比较锋利，不宜打磨腻子和底涂料，以免磨破底层
3	30	36	280×235	
$3\frac{1}{2}$	20	24	280×230	

3. 水砂纸

水砂纸是由醇酸、氨基等水砂纸专用漆将磨料黏结于浸过熟油（如桐油）的纸上面制作而成的，因打磨时要蘸水，故名水砂纸。适用于各种底面涂料打磨和涂饰亚光涂料前的打磨，也可蘸淡肥皂水用于涂膜抛光前的打磨。水砂纸磨料无尖锐棱角，号数越大，颗粒越细。常用水砂纸的代号、粒度与适用范围见表2—3。

4. 保管方法

砂布、砂纸应保持平整，装在盒内或袋内以便于识别。避免过热或受潮，过热易导致变质，受潮容易影响质量。

表 2—3　　　常用水砂纸的代号、粒度与适用范围

代号与粒度、号数对照			规格/mm	适用范围
代号	粒度	号数	长×宽	
180	100	120	280×230	（1）220 号以下水砂纸适
220	120	150	280×230	用于打磨腻子及底涂料；240
240	150	180	280×230	号～340 号水砂纸适用于水
280	180	220	280×230	磨第一、二道面涂料；360
320	220	240	280×230	号以上水砂纸颗粒最细，适
400	240	260	280×230	用于抛光前的磨光
500	280	320	280×230	（2）水磨之前，应先将水
600	320	340	280×230	砂纸浸入温水中润软，再蘸
700	340	360	280×230	水磨平底层，根据需要也可
850	380	400	280×230	蘸煤油进行油磨

二、打磨块和打磨架

为了保证打磨质量，减轻劳动强度，可将选好的木块、软木、橡胶加工成大小适合使用的打磨块，规格为打磨面宽约 70 mm、长约 100 mm，如图 2—9a 所示。打磨架属于规格产品，如图 2—9b 所示。

a）　　　　　　　　　b）

图 2—9　打磨块和打磨架

a）打磨块　b）打磨架

打磨块和打磨架主要用于固定砂布或砂纸，使其便于保持平面形状，且方便省力易于研磨。

1. 使用方法

使用打磨块时，把砂布或砂纸裹在打磨块外面，手心紧压打磨块，手腕、手臂同时用力，顺着被打磨物的纹理或需要的方向往复打磨。

使用打磨架时，将砂布或砂纸贴紧打磨架的底部，边缘与打

磨架两端夹紧固定，手持把手往复打磨。

2. 维护保管方法

工作结束后，将打磨块或打磨架表面擦洗干净，存放于通风干燥处。

模块四　刷涂工具的使用与维护

刷涂工具是将涂料薄而均匀地涂覆到物体上最常用的工具，主要有油漆刷、排笔、底纹笔、油画笔、毛笔等。

一、油漆刷

1. 油漆刷的构造

油漆刷也称为油刷、漆刷、猪鬃刷等。油漆刷由刷柄、柄卡、黏结剂和刷毛构成。手柄采用硬木制作，并进行封闭处理。柄卡是将刷柄和刷毛固定在一起的连接卡具。黏结剂是一种胶质物，用它将刷毛黏在刷柄上。油漆刷的刷毛有猪鬃、马鬃、人造纤维等，以猪鬃制成的油漆刷为上品。油漆刷以鬃厚、根硬、口齐、头软为佳，如图2—10所示。

图2—10　油漆刷

2. 油漆刷的规格与选择

油漆刷刷毛的弹性、强度比排笔大，因此适用于涂刷黏度较大的涂料，如油性清漆和色漆等。油漆刷的大小、规格有多种，一般按刷毛的宽度划分，具体使用时应按基层特征、涂饰面积大小来选用，见表2—4。

表 2—4　　　　　　　　　　　油漆刷规格与适用范围

规格		适用范围
英制/in	公制/mm	
1	25	施涂小的物件或不易刷到的部位
$1\frac{1}{2}$	38	施涂钢门窗
2	50	施涂木制门窗和一般家具的框架
$2\frac{1}{2}$	63	广泛地用于各种物面的施涂
3	76	施涂抹灰、地面等大面积的部位

3. 使用方法

新油漆刷使用前，将油漆刷在较坚硬的物体边缘轻磕几下，用手捋去松脱的刷毛；也可将油漆刷放在 1 号砂布上，来回砂磨刷毛端部，将其磨顺磨齐后，再蘸取少量油漆在旧的物面上来回涂刷数次，使其浮毛、碎毛脱落。这样处理后的刷毛既柔和又不易脱落，保证物面漆膜美观。

操作时，一般右手拇指捏刷柄下部的正面，食指、中指捏其背面，如图 2—11 所示。涂刷时要靠手腕的转动，运力从轻到重，必要时可配合身体来回移动。用 3 in 以上的大板刷涂刷大面积的墙面时，也可满把握刷。

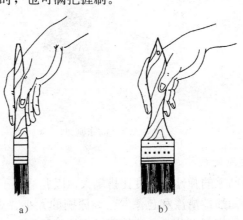

图 2—11　油漆刷的正确握法

a) 侧面刷油　b) 大面刷油

4. 维护保管方法

（1）油漆刷使用后，应挤出刷中的多余涂料。若短期内还要使用，可在溶剂中清洗二三次，把刷子悬挂在盛有溶剂或水的密封容器中，将刷毛全部浸在液面以下，但不能使刷毛接触容器底部，以免刷毛变形。使用时取出，将刷毛中的溶剂或水甩净擦干即可，如图2—12所示。

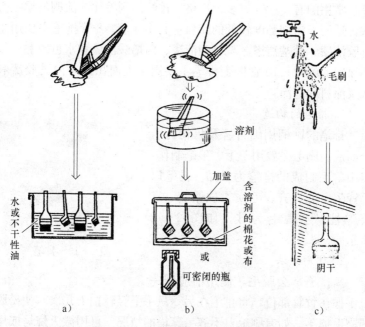

图2—12 油漆刷使用后的处理方法

a）刷油性涂料油漆刷的处理方法 b）刷硝基纤维涂料油漆刷的处理方法
c）刷合成树脂乳液涂料油漆刷的处理方法

（2）如果长期不用，必须用溶剂（选用的溶剂品种应与使用的涂料品种相配套）彻底清洗干净，晾干后用油纸包好，保存在干燥处。

（3）如果油漆刷的根部或刷毛干结，可用溶剂浸泡软化后，除去干结物并洗净，使刷毛松软即可使用。

（4）如果油漆刷的刷毛变得短而厚时，可用刀削其两面，使之变薄，即可继续使用。

（5）如果油漆刷的刷头与刷柄松动，可在两面的柄卡上各钉几个鞋钉或八分钉加固。

二、排笔

排笔是由多支单管羊毛细竹管"一"字形排列连接制成的刷具，常用的有4～20管多种规格。排笔的刷毛比油漆刷的鬃毛柔软，适用于涂刷黏度较低的涂料。其中4管、8管排笔主要用于虫胶清漆、硝基清漆、聚氨酯清漆、丙烯酸清漆和水色等黏度较小涂料的施涂；10管以上排笔主要用于大面积抹灰面乳胶漆和水浆涂料的施涂。

1. 排笔的构造

排笔的刷柄用细竹管及竹销钉组合而成。刷毛一般用羊毛、狼毫制作，以山羊毛制成的排笔为上品。排笔以毛锋尖、毛口齐、毛质柔软厚实、富有弹性、不脱毛为佳，如图2—13所示。

图2—13　排笔

2. 使用方法

新排笔常会脱毛，使用前应用一只手握住竹管部位，将排笔在另一只手上轻轻拍击几次，使松脱的刷毛掉落。如有刷毛口不齐、蓬松的情况，可用微火烧烤或用剪刀修剪。

新排笔刷涂时，应先刷物件上不易见到的部位，等刷到不再掉毛时，再刷易见部位或正面、平面等地方。

用排笔刷涂时，手握紧排笔的右角或中部，大拇指在一面，四指在另一面，如图2—14a所示。在桶内蘸涂料时排笔头部向下，使涂料集中在刷毛头部，如图2—14b所示。刷涂方法基本与油漆刷相同。

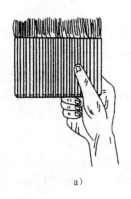 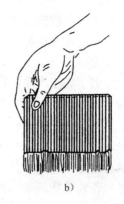

a) b)

图 2—14 握排笔的方法

a) 刷涂料 b) 蘸涂料

3. 维护保管方法

排笔使用后，应妥善保管。刷过虫胶漆或硝基清漆的排笔，用后应挤去多余的漆液，将排笔平放在工具箱中，使用时用溶剂浸泡使其溶开即可；刷丙烯酸清漆或聚氨酯清漆后的排笔，挤出多余漆液后，用醋酸丁酯洗净晾干，再浸入醋酸丁酯中备用，使用时挤出溶剂即可；刷浆后的排笔，用清水及时冲洗干净，晾干保存。排笔由羊毛制成，如果长时间不用，应加防虫剂妥善保管。

模块五　滚涂工具的使用与维护

将涂料用滚涂的方法涂抹在抹灰面或其他物面上，以达到各种各样装饰效果的手工工具称为辊具。辊具基本分为两大类，一种是适用于大面积滚涂的一般辊具，另一种是适用于滚印压花的艺术辊具。这里仅介绍一般辊具的构造、选择、使用和保管方法。

一、一般辊具的构造

一般辊具是将人造绒毛等易吸附材料包裹在硬质塑料的空心辊上，外径为 45 mm，长度约为 200 mm，配上弯曲形圆钢支架和木手柄，属于规格产品，如图 2—15 所示。滚涂小面和阴阳角用长度为 120 mm 的短辊，滚涂门框、窗棂等细木构件用 50～80 mm 长的窄辊。

1. 手柄

手柄有固定式和可加长式两种。固定式与支架为一体，不可拆卸。可加长式手柄的端部带有螺纹，可连接加长柄，可加长至 2 m。

2. 支架

支架有单、双两种，应具有一定的强度和耐腐蚀的能力。

3. 筒芯

筒芯应有一定的强度和弹性，以便支撑筒套。筒芯两个侧端盖内装有轴承，使筒芯可以平稳地推拉滚动而筒套不会脱落。

4. 筒套

筒套是辊具最重要的组成部分，是包裹在筒芯上的用于蘸取涂料的织物套，一般用合成纤维制作。筒套两端呈斜角形，以避免边缘绒毛缠结，筒套衬里常用塑料纸板制成。

图 2—15　辊具的构造
1—手柄　2—支架　3—筒套

二、辊具的选择

使用时应根据涂料品种、基层品质、饰面要求等选择不同的滚筒，目前用于大面积滚涂的多为人造绒毛滚筒。适用于滚涂薄质涂料、厚质涂料及毛糙的抹灰面，但不宜用于抹灰面的交接转

角处和装饰光洁程度要求高的物面。滚筒的适用范围见表 2—5～
表 2—7。

表 2—5　　　　　　滚筒宽度与适用范围

滚筒宽度	适 用 范 围
18″	大面积
7″～9″	办公楼、住宅等中等面积
2″～3″	门框、窗棂、踢脚板等小面积

表 2—6　　　　　　滚筒类型与适用范围

滚筒类型	绒毛长度	滚筒特点	适用范围
短毛辊	10 mm 以下	吸附的涂料不多，滚涂的涂膜较薄且平滑	用于光滑面滚涂有光或半光涂料
中毛辊	10～12 mm	一次能吸附的涂料较多，涂膜带有轻微的纹理，可使涂料渗进基层面的毛孔或细缝	适宜滚涂墙面和顶棚等微粗基层面
中长毛辊	13～20 mm	一次吸附的涂料多，涂膜带有纹理，可使涂料渗进基层面的细缝	适宜滚涂砖石面和其他粗糙基层面
长毛辊	21～32 mm	一次吸附的涂料很多，滚涂的涂层较厚	适宜滚涂极粗糙基层面、钢丝网

表 2—7　　　　　　筒套材料与适用范围

筒套材料	适 用 范 围
羔羊毛	适宜在粗糙面滚涂溶剂型涂料
马海毛	适宜在光滑面滚涂溶剂型涂料和水性涂料
丙烯酸系纤维	适宜在光滑面或粗糙面滚涂溶剂型涂料和水性涂料
聚酯纤维（涤纶）	适宜在室外物面滚涂溶剂型涂料

针对不同类型的涂料和各类饰面的筒套材料选择见表 2—8。

表 2—8　　　　　　　　　　筒套材料的选用

	涂料类型	光滑面	半糙面	糙面或有纹理的面
乳胶漆	无光或低光	羊毛或化纤中长绒毛	化纤长绒毛	化纤特长绒毛
	半光	马海毛短绒毛或化纤绒毛	化纤中长绒毛	化纤特长绒毛
	有光	化纤短绒毛	化纤短绒毛	
溶剂型涂料	底漆	羊毛或化纤中长绒毛	化纤长绒毛	
	中间涂层	短马海毛绒毛或中长羊毛绒毛	中长羊毛绒毛	
	无光面漆	中长羊毛绒毛或化纤绒毛	长化纤绒毛	特长化纤绒毛
	半光或全光面漆	短马海毛绒毛、化纤绒毛或泡沫塑料	中长羊毛绒毛	长化纤绒毛
特殊涂料	防水剂或水泥封闭底漆	短化纤绒毛或中长羊毛绒毛	长化纤绒毛	特长化纤绒毛
	油性着色剂	中长化纤绒毛或羊毛绒毛	特长化纤绒毛	
	氯化橡胶涂料环氧涂料、聚氨酯涂料及地板家具清漆	短马海毛绒毛或中长羊毛绒毛	中长羊毛绒毛	

三、涂料底盘和辊网

涂料底盘宽度以能容装滚筒为准，有 $180 \sim 350$ mm 多种规格，如图 2—16a 所示，用于盛装并供滚筒滚蘸涂料。

滚筒在涂料底盘滚蘸涂料后，再在辊网上轻轻滚动几下，如图 2—16b 所示，以利于滚筒吸附的涂料量均匀。

四、使用方法

将滚筒在涂料底盘上滚动几下，待吸足涂料后，在辊网上轻轻滚动几下，然后在涂饰面上进行滚压，这样滚涂在涂饰表面上后涂层才能均匀一致。

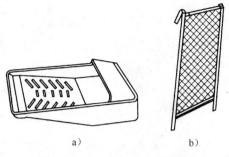

图 2—16 涂料底盘和辊网

a) 涂料底盘 b) 辊网

滚涂时用力要均匀，朝一个方向上下滚动，最后一遍施涂后，用滚筒理一遍，直至在被涂饰的物面形成理想的涂层。

五、维护保管方法

辊具使用后，应将滚筒浸入清水或香蕉水中，使绒毛不致因胶结固化而无法使用。较长时间不使用时，应洗净悬挂晾干，避免毛绒压皱变形。辊具应保存在清洁、干燥、通风处，以免发霉腐蚀。涂料底盘和辊网应及时清洗干净。

模块六 其他工具的使用与维护

一、搅拌棒

搅拌棒为扁平叶片形状，棒身有孔，以便搅拌时减少涂料对棒的阻力，有各种尺寸，长度可达 600 mm，如图 2—17 所示。

1. 使用方法

使用时，手握棒柄沿顺时针（或逆时针）方向对涂料进行搅拌。

2. 维护保管方法

使用后，将黏附在搅拌棒上的涂料及时清洗掉，并擦干、收好备用。

图 2—17　搅拌棒

二、涂料桶

小提桶用铁皮、镀锌铁皮或塑料制成，如图 2—18b 所示。规格按桶口直径分为 125 mm、150 mm、180 mm 和 200 mm，容量为 0.75 L、1 L、1.5 L 和 2.5 L。

提桶容量为 7 L、9 L 和 14 L，如图 2—18c 所示。

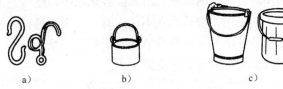

　　a)　　　　　　　　b)　　　　　　　　c)

图 2—18　涂料桶

a) 桶钩　b) 小提桶　c) 提桶

1. 使用方法

小提桶容量小，可盛装零散涂料。提桶容量较大，用于盛装水、洗涤剂、胶和稀释剂等。

2. 维护保管方法

使用后，立即用相应的溶剂清洗干净；或用火燎一下（不是火烧），然后用溶剂擦净。注意铝制品不能用苛性碱清洗；塑料桶应避免受热且不可用烈性溶剂清洗。存放时不应离火源太近。

三、过滤筛

金属滤筛沿用马口铁皮卷制，并附铜网，如图 2—19a 所示。

规格分为粗（30 目）、中（40 目）、细（80 目）、最细（160 目）。简易滤筛是使用硬纸板做沿，纱布做网罩，如图 2—19b 所示。滤网用纱布或尼龙网直接蒙在桶口上，如图 2—19c 所示。

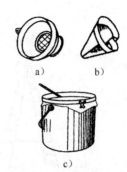

图 2—19　过滤筛

a) 金属滤筛　b) 简易滤筛

c) 滤网

1. 使用方法

使用时，将涂料倒入滤筛或滤网进行过滤，可滤掉涂料中的脏物、漆皮等。

2. 维护保管方法

使用后，立即用相应的溶剂将滤筛或滤网清洗干净，以免堵塞网眼，晾干备用。

四、高凳

高凳是油漆工程常用的登高工具，一般分为 5 档、7 档、9 档、11 档等多种，每档相距 30～35 cm。门窗、墙面涂饰常用 5～7 档，其最高一档是用合页并合起来的，在操作时可以将工具、小提桶等物挂在上面，比较方便。

1. 使用方法

放置高凳时，高凳与地面的夹角不能超过 60°，也不能小于 40°。角度过大高凳不稳，角度过小高凳容易蹬开。单个高凳的最高有效使用档数，是从上向下的第三档，人在高凳上必须是两脚骑跨式，如图 2—20a 所示，而不能两脚站在高凳的一侧，如图 2—20b 所示。高凳自下往上第二档要用安全绳系牢，两面拉住，防止蹬开。在打蜡的地板上使用高凳时，要用布包住四脚，防止滑倒。

2. 维护保管方法

使用后，将高凳表面擦拭干净，收起备用。若发现损坏应及时修复。

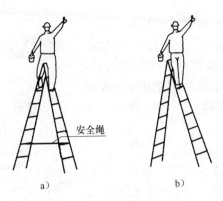

安全绳

a)   b)

图 2—20 高凳使用示意

a）正确的站法   b）不正确的站法

模块七 常用机具的使用与维护

一、手提式搅拌器

手提式搅拌器是施工现场自行搅拌和调配涂料用的一种简单的电动机具，如图 2—21 所示。当电动机启动后，便会带动轴上叶片转动，容器内的涂料由于叶片转动而形成漩涡，可使涂料上下翻滚，从而搅拌均匀。

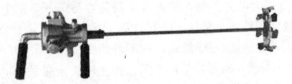

图 2—21 手提式搅拌器

1. 使用方法

使用时，首先接通电源，再将叶片部分插入涂料桶，注意不得触及桶底和桶壁，也不要露出液面。握紧手柄把正搅拌器，按下开关。在不触及容器及不出液面的范围内上下左右移动，以便充分搅拌。涂料搅拌均匀后，应先关上开关，待叶片停止转动后，再将搅拌器提出。若涂料特别黏稠，也可边关上开关，边将搅拌器缓缓提出，利用搅拌器的旋转惯性，将搅拌叶片及转杆上的涂料甩净，但应注意不能使涂料到处甩溅。

2. 维护保管方法

使用过的搅拌器应在沾上的涂料未干之前及时清洗干净，擦干、收放好。若长时间不用，应在搅拌叶片及转轴表面涂油防锈；在短暂间歇时，只需将搅拌叶片部分浸插在水或溶剂中即可，以防涂料干结而影响使用。

二、旋转钢丝刷

旋转钢丝刷是安装在气动或电动机上的杯形或盘形钢丝刷，如图 2—22 所示。适用于清除酥松翘起的旧漆膜及金属表面的铁锈。杯形钢丝刷适用于打磨平面，盘形钢丝刷适用于打磨凹槽部位。

1. 使用方法

图 2—22 旋转钢丝刷

操作时，先将钢丝刷安装好，接通电源。站稳、握紧手柄，按下开关，刷头缓缓接触打磨面即可。注意关闭电源开关，并停止转动后，才能放下机具，以免机器在离心力作用下甩出伤人。操作中应戴防护眼镜。在易燃易爆环境中使用时，应使用不易起火花的铜丝刷。

2. 维护保管方法

使用后应及时清除沾在刷上的污物，并擦拭干净，存放在清洁、干燥、通风的地方，以备使用。

三、圆盘打磨机

圆盘打磨机是以电动机或空气压缩机带动柔性橡胶或合成材料制成的磨头，在磨头上可固定各种型号的砂纸，如图 2—23 所示。圆盘打磨机适用于打磨细木制品表面、地板面和油漆面，也可用来除锈，并能在曲面上作业。如把磨头换上金刚砂轮，可用于打磨焊缝表面；换上羊绒抛光布轮，可用于抛光。

图 2—23　圆盘打磨机

1. 使用方法

操作时，先将磨头安装好，上紧螺母，再接通电源。一手握住手柄，一手掌好打磨机，按下开关，端稳并对准打磨面，缓缓接触打磨面即可。关闭开关后，在磨头停止转动前不能放手，以免机器在惯性和离心力作用下抛出伤人。打磨时要戴防护眼镜。

2. 维护保管方法

使用后，及时清除沾在打磨机上的污物，并擦拭干净，存放在清洁、干燥、通风的地方，以备使用。若发现磨头损坏应及时更换。

四、钢针除锈枪

钢针除锈枪的枪头由多根钢针组成，由气动弹簧推动，如图 2—24 所示。在气流的推动下，钢针向前冲击，撞到物体表面会被弹回来，每个钢针可自行调节到适当的工作表面。钢针除锈枪适用于基层的细微转角处的除锈，特别是一些螺栓头等不便于处理的圆角凹面。

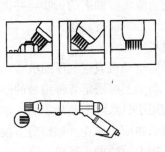

图 2—24　钢针除锈枪

钢针有三种类型：尖针型的可清除较厚的铁锈或氧化皮，但处理后的表面粗糙；扁錾型的对材料表面损害较小，仅留有轻微痕迹；平头型的不留痕迹；可处理较薄的金属面，也可用来清理石制品或装饰性铁制品。

1. 使用方法

操作时，先将所需枪头安装好，再接通电源。一手握住枪柄，一手掌好除锈机，按下开关，端稳并对准打磨面，钢针缓缓接触打磨面即可。关闭开关后，在枪头停止转动前不得放手，以免机器在惯性和离心力作用下抛出伤人。打磨时要戴防护眼镜。

2. 维护保管方法

使用后，及时清除沾在除锈枪上的污物，并擦拭干净，存放在清洁、干燥、通风的地方，以备使用。如有钢针损坏应及时更换。

第三单元　涂饰前的基层处理

培训目标：

1. 了解常见基层特性及涂饰对基层的基本要求。

2. 掌握木基层、金属基层、其他基层、老旧基层的处理方法。

3. 能根据不同基层正确选用清除工具和材料。

4. 能正确进行木基层、金属基层、其他基层的基层处理。

5. 会正确进行木基层、金属基层、其他基层、老旧基层的清除操作。

模块一　基层特性及涂饰对基层的基本要求

一、木质基层的特性

（1）木材是多种细胞结合体，具有多孔性。

（2）木材含有水分，具有明显的湿胀干缩性。

（3）木材是各向异性材料，材质呈现不均匀性，横向、纵向、径向、弦向的收缩率不同，力学性质不同，早材、晚材、心材、边材的性质各异。

（4）木材表面具有各种材色和纹理，多采用透明涂装。

（5）木材是生物体，表面存在夹皮、虫孔、树脂沟、裂纹、变色、腐朽等生长缺陷。

（6）木材在加工过程中会产生毛刺、撕裂、坑凹、刨痕、沾染胶渍、油污、脏迹等。

二、木质复合材料基层的特性

木质复合材料的共同特性是尺寸稳定性较天然木材好，改善了材质的不均匀性，见表3—1。

表 3—1　　　　　　　　　木质复合材料的基层特性

名称	特性
胶合板	胶合板幅面大、表面平整度好，力学性质均匀。 树脂黏合型胶合板防潮性好，酪素或动物胶黏结的胶合板易受潮，致使涂膜起皮、脱落、起泡等
刨花板	刨花板不需干燥可直接使用，但边缘部位易吸湿变形。握钉力低
纤维板	纤维板内部组织均匀，有较高的强度，吸湿膨胀性低于刨花板，板面平整光滑。幅面大、握钉力较高，不宜受潮
细木工板	细木工板幅面大、表面平整、尺寸稳定性好，强度大，密度与木材相当，握钉力好，吸水厚度，膨胀力低于刨花板和纤维板

三、金属基层的特性

金属材料经压轧、浇铸、切割、焊接、车铣等加工，表面会沾染污物、产生缺陷，如锈斑、氧化皮、型砂、焊药残渣、脱模剂、油污、水汽、灰尘、毛刺、凹凸等。

有些金属表面过于光滑或过于粗糙。太光滑会影响漆膜的附着力，太粗糙又影响漆膜的外观质量。需通过表面处理得到一个光洁度合适的基层。

四、其他基层的特性

其他基层的特性见表3—2。

表 3—2　　　　　　　　　其他基层的特性

基层种类	主要成分	特征		
		干燥速度	碱性	表面状态
混凝土	水泥、砂、石	慢，受厚度和构造制约	大，进行中和需较长时间，内部析出的水呈现碱性	粗，吸水率大

基层种类	主要成分	特征		
		干燥速度	碱性	表面状态
轻混凝土	水泥、轻骨料、轻砂或普通砂	慢，受厚度和构造影响	大，中和需较长时间，内部析出的水呈现碱性	粗，吸水率大
加气混凝土	水泥、硅砂、石灰、发泡剂		多呈碱性	粗，有粉化表面，强度低、吸水率大
水泥砂浆（厚度 10～25 mm）	水泥、砂	表面干燥快，内部含水率受主体结构的影响	比混凝土大，内部析出的水呈碱性	有粗糙面、平整光滑面之分，其吸水率各不相同
水泥石棉板	水泥、石棉		极大，中和速度非常慢	吸水不均匀
硅酸钙板	水泥、硅砂、石灰、消石灰、石棉		呈中性	脆而粉化，吸湿性非常大
石膏板	半水石膏			吸水率很大，与水接触的表面不得使用
水泥刨花板	水泥、刨花		呈碱性	粗糙，局部吸水不均匀，渗出深色树脂
麻刀灰（厚度12～18 mm）	消石灰、砂、麻刀	非常慢	非常大，达到中和需要较长时间	裂缝多

基层种类	主要成分	特征		
		干燥速度	碱性	表面状态
石膏灰泥抹面（厚度12～18 mm）	半水石膏、熟石灰、水泥、砂、白云石灰膏	易受基层影响	板材呈中性，混合石膏呈弱碱性	裂缝少
白云石灰泥抹面（厚度12～18 mm）	白云石灰膏、熟石灰、麻刀、水泥、砂	很慢	强，需长时间才能中和	裂缝多，表面疏密不均，明显呈吸水不均匀现象

五、基层的基本要求

无论何种基层，经过处理后，涂饰前均应达到以下要求。

（1）基层表面必须坚实，无酥松、粉化、脱皮、起鼓等现象。

（2）基层表面必须清洁，无泥土、灰尘、油污、脱模剂、白灰等影响涂料黏结的任何污迹。

（3）基层表面应平整，角线整齐，但不必过于光滑，以免影响黏结；无较大的缺陷，如孔洞、蜂窝、麻面、裂缝、板缝、错台等，无明显的补痕、接茬。

（4）基层必须干燥，施涂水性和乳液涂料时，基层含水率应在10%以下，施涂油漆等溶剂型涂料时要求基层含水率不大于8%。

（5）基层的碱性应符合所使用涂料的要求。涂漆表面 pH 值应小于8。

模块二　木基层的处理

一、清理

对于黏附于木基层表面的砂浆、灰尘、木屑等，可采用铲刀铲、毛刷扫、净布擦等方法去除。凸出的钉帽应打入表面内，并做防锈处理。

对于木毛刺，可先用湿润的干净抹布擦拭表面，使木毛吸收水分膨胀竖起，待干燥后再用旧砂纸或细砂纸磨光。也可在表面刷稀的虫胶漆（虫胶：酒精＝1∶7～8），木毛刺经过处理变得发脆而竖起，待干后用砂纸磨掉。

对于木基层表面的污渍（如胶痕、油渍），可用 280 号或 320 号水砂纸打磨，如磨不掉，再用汽油擦洗。也可用温水或肥皂液、碱水洗净后，用清水洗刷一次，干燥后用砂纸顺木纹打磨光滑。

二、含水率

木基层的含水率应以使用环境的平均含水率为基准。北京地区要求在 12％以下，江南地区要求在 12％～15％。

对木基层的含水率必须严格控制，否则涂饰后容易产生发白、针孔、气泡、变色，甚至漆膜开裂、剥离等缺陷。因此在涂刷底漆或封闭基层前，有必要用湿度计测定含水率。

三、封闭

由于木基层的多孔性，污物易渗透至木质管孔中，因此应进行封闭处理。

（1）对木节或树脂部位可用有机溶剂如酒精、丙酮、松节油等擦洗，或用热的电烙铁铲除，并用虫胶清漆封闭。封闭范围不小于树脂渗透或节疤部位周围 2.5 cm 范围，封闭次数以两遍为宜，以防树脂再度渗出。

（2）对管孔敞开型的木基层如槐木、栗木、榆木、胡桃木、桃花心木、橡木、核桃木等，在涂刷底漆后，要对表面做填平封闭处理。填孔料的稠度依木质密度而定，用松香水调节其稠度。

（3）用硬毛刷将填孔料刷在木材表面，再用干布将多余的填孔料横着木纹擦掉。

（4）对于外露或嵌入砖石中的木材横断面，为防止水分被木材管孔吸进，表面应涂刷底漆封闭。

四、填平

木基层的接缝、裂缝、坑凹要填平。填充材料须具有柔性，能随周围的木材、砖石的胀缩而变化。

填缝材料有油基漆、乳胶、有机硅树脂等，填塞前应将缝隙清理干净。对于较小的接缝，为扩大黏结面，加强黏结力，填充前可先用铲刀扩缝，便于填料填实。填塞温度应高于 7℃，被填塞部位应不潮湿、无油渍、清洁。

五、漂白

有些木材表面有色斑、颜色不均；有些木材边材色浅，心材色深，这些都影响到木材清漆涂饰的效果，因此需要进行木材漂白处理。

（1）用浓度 30％的双氧水（过氧化氢）100 g，掺入 25％浓度的氨水 10～20 g、水 100 g 稀释的混合液，均匀地涂刷在木材表面，经 2～3 d 后，木材表面被均匀漂白。这种方法对柚木、水曲柳的漂白效果很好。

（2）配制 5％的碳酸钾：碳酸钠＝1∶1 的水溶液 1 L，并加入 50 g 漂白粉，用此溶液涂刷木材表面，待漂白后用肥皂水或稀盐酸溶液清洗被漂白的表面。此法既能漂白又能去脂。

（3）氢氧化钠溶液（500 g 水中溶解 250 g 氢氧化钠）涂在需漂白的木质基层上，经 0.5 h 后，再涂 30％浓度的双氧水。处理完后，用水擦洗木材表面，并用弱酸（如 1.2％左右的醋酸或草酸）溶液中和，再用水擦洗干净，在常温下干燥 2 h。

（4）市售的木材漂白液，按使用说明书操作即可。

六、涂刷底漆

（1）木质基层较多用的底漆是清油和各色厚漆（铅油）。普通木基层油料：稀料＝3∶1；吸收性强的基层油料：稀料＝4～5∶1。厚漆中也有时加清油作底漆，以增加底漆的黏附性和强度。

（2）基层较潮湿，可用纯亚麻籽油作底漆，以利于散潮。

（3）木质基层含油过多，将影响底漆的干燥和附着力，可用少量丙酮擦洗表面，待丙酮全部挥发后，再擦一遍松节油。

（4）木质基层上的活性节疤，应点漆片（虫胶漆）封闭，以防木材油脂渗出而破坏面漆。

底漆宜用刷涂，不得遗漏，要将缝隙、孔洞刷到，木材的横断面应刷两遍。涂刷厚度以底材的吸收性决定，吸收快的可厚一些，吸收慢的可薄一些。

模块三　金属基层的处理

一、钢铁基层表面处理

1. 机械和手工清理

机械和手工清理主要用于铸件、锻件、钢铁表面清除浮锈，以及易剥落的氧化皮、型砂、旧漆皮。效率低，但设备简单、不受施工条件和工件形状的限制。常用于批量小、形状不规则的金属制品表面的除锈和作为其他除锈方法的补充。

为提高效率，在采用刮刀、锤、凿、钢丝刷、砂布等工具，通过铲、敲、打磨、刷锈斑、氧化皮等手工操作的同时，也可采用手提式圆盘打磨机、旋转钢丝刷等小型机械进行处理。

2. 喷丸、喷砂

喷丸、喷砂适合于清除厚度不小于 1 mm 的制件或不要求保持精确尺寸及轮廓的中、大型制品以及铸、锻件上的氧化皮、铁锈、型砂、旧漆膜。适宜使用环境恶劣、对基层处理要求严格的条件下，如受水浸泡的部位、海洋环境、工业污染区等采用。

喷砂前基层表面的油脂、污物应先用清洗剂清除。喷砂后应立即涂饰，不宜超过 4 h。喷砂后的粗糙面有利于底漆附着，但不宜过于粗糙，一般情况下凸起高度应小于 5 μm。

喷丸或抛丸的喷射材料为铁基及非铁基的金属线段、板材碎块、铸钢丸、马铁丸、白口铁丸等，粒度 6～50 目。用于除去锻皮、铸皮，可提高金属表面的抗疲劳强度。小工件用喷丸，大面积工件用抛丸。薄壁及较脆弱的工件不宜采用此方法。

3. 火焰喷射

火焰喷射适用在具有一定侵蚀性的环境中。用火炬加热金属表面使氧化质失水干燥、变松散易于清除。在金属表面冷却（至36℃）前涂刷底漆，以便涂料在空气中的潮气未凝聚在金属表面前趁热流布于基层的各个细部，与表面牢固地黏附在一起。

火焰喷射主要用于厚度不小于5 mm的大面积设施，如桥梁结构、储槽及重型设备，去除氧化皮、铁锈、旧漆层、油脂等污物。

4. 碱液除油

金属表面的油污，可用碱液清除。碱液配方：磷酸钠（Na_3PO_4）25～35：碳酸钠（Na_2CO_3）25～35：合成洗涤剂0.75：水1 000（质量比）。碱液的pH值为12.5～13.5，温度为80～100℃，将工件浸泡其中，配合搅动，用时3～5 min。取出后用冷水冲洗30 s，再用70～90℃热水冲洗0.5～2 min，最后吹干（70～105℃热风，吹1～3 min）。这种浸渍除油法适合于有一定数量的中小型工件，并有浸渍槽、加热设备。

对于尺寸大、形状复杂的工件，可配碱液刷、擦去油。此时，碱液浓度不应超过30 g/L，温度不超过50℃。

5. 溶剂除油

常用的溶剂有汽油、甲苯、二甲苯、三氯乙烯、四氯乙烯、四氯化碳等，后三种溶剂因除油能力强、不易着火、比较安全而应用广泛，但是成本高、有毒，操作时应注意通风。

6. 涂刷底漆

在除油、除锈等表面清理完成后，特别是用火焰清除的情况下，应立即涂刷底漆。

对于一般钢铁件，如钢门窗、梁柱、散热器、家具上的铁件可涂刷防锈底漆，特别对边角、接缝、焊接、铆接部位不可遗漏。防锈漆可用红丹酚醛防锈底漆或醇酸防锈底漆。

二、有色金属基层表面处理

常用于建筑工程中的有色金属有铜、铝、锌、铬及其合金和镀层。

有色金属的表面一般情况下不需涂刷保护层。但与有化学污染的大气，非同类金属的酸、碱材料或木材（冷松、橡木、栗木）接触时，会加速侵蚀，在这些环境中使用时需涂刷保护层。

1. 铝及铝合金

用细纱布加松节油轻轻打磨表面，再用浸有松节油或松香水的抹布擦去油脂和污渍，然后用清水彻底漂洗，干燥后涂刷底漆。不得用碱性洗涤剂清洗表面，否则会使表面受到侵蚀。

底漆一般采用锌铬黄底漆，而避免使用含铅、石墨、金属铜颜料的底漆，因为此类底漆会与铝材表面的潮气起不良反应。

2. 镀锌面

先刷洗表面的非油性污渍，然后用含非离子型清洗剂的清水漂洗。用离子型的清洗剂和皂类清洗后的遗留物会影响涂层的黏附。再用松香水或松节油等溶剂擦涂表面的油脂。用钢丝刷或砂布除锈。当使用环境恶劣或需要长期保护时，表面可采用轻微的喷砂处理。

在镀锌面上使用底漆应避免含铅、石墨等金属颜料（锌除外）的底漆。

3. 铜及铜合金

先用松香水或松节油去除油污，再用细砂纸磨糙或涂一层磷化底漆。注意打磨后要用松香水擦净表面的铜粉，以免酸性干性油或清漆料溶解铜粉，造成污染。

如在表面涂刷清漆以保持铜面原有色彩，可配制醋盐水（1 L醋中加入 40 g 食盐或用 5％的醋酸 1 L 加 40 g 食盐）擦拭，然后用清水刷洗、干燥后尽快涂刷涂料。

模块四　其他基层的处理

除木材、金属外，施工中常见的还有其他基层，见表3—3。

表 3—3　　　　　　　　　　　其 他 基 层

名称	种类
水泥砂浆及混凝土基层	水泥砂浆、水泥白灰砂浆、现浇混凝土、预制混凝土板材及块材
加气混凝土及轻混凝土类基层	这类材料制成的板材及块材
水泥类制品基层	水泥石棉板、水泥木丝板、水泥刨花板、水泥纸浆板、硅酸钙板
石膏类制品及灰浆基层	纸面石膏板等石膏板材、石膏灰浆板材
石灰类抹灰基层	白灰砂浆及纸筋灰等石灰抹灰层、白云石灰浆抹灰层、灰泥抹灰层

一、清理除污

涂饰前应去除基层表面的灰尘、污物、油渍、砂浆黏附物、喷溅物、霉斑等。

（1）对于灰尘及其他粉状附着物，可用扫帚、毛刷、排笔清扫，或用吸尘器除尘。

（2）对于砂浆黏附、水泥浆流挂等杂物及凸起的尖棱、鼓包，可用铲刀、錾子铲除剔凿，用刮刀、钢丝刷清理，用手砂轮打磨。

（3）对于油污脱模剂，先用5％～10％浓度的火碱水清洗，再用清水洗净。

（4）对于析盐、泛碱导致表面起白霜的基层，可选用35％的草酸溶液清洗，再用清水洗净。

（5）对于酥松、起皮、起砂、脱壳，用扁铲、铲刀等将其黏结不牢的部分全部剔除，用清水洗净，不留浮灰。

(6) 对于霉斑，可用化学除霉剂清洗，再用清水洗净。

二、修补找平

对于混凝土、抹灰基层的表面缺陷，应分情况加以处理。

(1) 水泥砂浆基层的起壳部分无法铲除时，可用电钻（$\phi5\sim10$ mm）钻小孔，再从孔中向缝隙注入低黏度的环氧树脂使其固结。

(2) 小裂缝的修补，用水泥聚合物腻子塞满填平，干后用砂纸打磨平整。对于较深的小裂缝，可用低黏度的环氧树脂或水泥砂浆进行压力灌浆。

(3) 孔洞修补，直径大于 1 cm 的可用砂浆填充；1 cm 以下的可用水泥聚合物腻子填平。

(4) 大裂缝的修补，可先用扁铲、手持砂轮、铲刀等将裂缝进行"V"形扩缝处理，并清洗干净，再用增强结合力的底层胶液或基底处理剂涂刷在缝内；再用嵌缝枪或其他工具将密封材料嵌填密实，干后用水泥聚合物或合成树脂腻子找平。

(5) 露筋的处理，将钢筋表面涂刷防锈漆。

三、板缝处理

各种非木质板材基层，如纸面石膏板、无纸面石膏板、菱镁板、水泥刨花板、稻草板等轻质内隔墙，其表面一般比较平整，除采取汁胶、刮腻子处理基层外，特别要处理好板与板的拼接缝。

以纸面石膏板及无纸面圆孔石膏板板缝处理为例，有明缝和无缝两种做法。明缝是指安装石膏板时有意留出的缝，一般采用各种塑料或铝合金嵌条压缝，也有采用专业工具勾成明缝，如图3—1所示。无缝一般先用嵌缝腻子将两块石膏板拼缝嵌平，然后贴上约 50 mm 宽的穿孔纸带或涂塑玻璃纤维网格布，再用腻子刮平，如图3—2所示。

无纸面圆孔石膏板的板缝一般不做明缝。具体做法是将板缝用胶水涂刷两遍后，用石膏膨胀珍珠岩嵌缝腻子勾缝刮平。腻子常用 791 胶来调制，对于有防水、防潮要求的墙面，板缝处理应在涂刷防潮涂料之前进行。

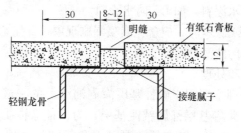

图 3—1 明缝做法

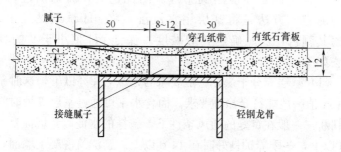

图 3—2 无缝做法

四、防潮处理

防潮处理一般采用涂刷防潮涂层的办法，但需注意以不影响饰面涂层的黏附和装饰质量为准。防潮处理主要用于厨房、厕所、浴室的墙面及地下室等。

纸面石膏板的防潮处理，通常是在墙面刮腻子前用喷浆机（或排笔）喷（或刷）一遍防潮涂料。常用的防潮涂料有以下几种。

（1）汽油稀释的熟桐油。其配比为熟桐油：汽油＝3：7（体积比）。

（2）用硫酸铝中和甲基硅醇钠（pH 值为 8，含量为 30％左右）。该涂料当天配制当天使用，以免影响防潮效果。

（3）用 10％的磷酸三钠溶液中和氯偏乳液。

（4）乳化熟桐油。其质量配合比为熟桐油：水：硬脂酸：肥皂＝30：70：0.5：1～2。

（5）防水涂料，如 LT 防水涂料。

涂刷防潮涂料时，应避免漏喷漏刷现象，并注意石膏板顶部也需做相应的防潮处理。

五、中和处理

中和处理主要用于碱性基层涂刷油漆前的一道工序。混凝土、水泥砂浆等基层都属碱性基层，为保证涂饰质量，基层的 pH 值需在 9 以下。新浇筑的混凝土和新抹的砂浆，必须有足够的养护时间，才能达到中性。因此，应在涂饰前进行 pH 值的测定。方法是将基层用水浸湿，将 pH 试纸贴在上面，观察其颜色，比照确定其酸碱度。保证 pH 值小于 9 的具体方法如下。

（1）基层充分干燥，一般要求含水率在 8％以下，这时基层的 pH 值一般能符合涂饰要求。而含水率可通过基层养护时间大致判断：一般在良好的通风条件下，新抹的水泥砂浆墙面夏季为 7 d 以上，冬季养护良好时在 14 d 以上。新浇筑混凝土墙面，夏季 10 d 以上，冬季 20 d 以上。以上判断视不同地区的气候而有所变化。

判断含水率的简易方法为将塑料薄膜在傍晚时覆盖于基层上，四周用胶带封闭，并保持薄膜一定的松弛度，次日午后观察薄膜内表面有无明显的结露现象，据此可判断其含水率高低。

（2）新的混凝土和水泥砂浆表面，用 5％的硫酸锌溶液清洗碱质，1 d 后再用水清洗，待干燥后即可涂漆。

（3）当急需涂漆时，可采用 15％～20％浓度的硫酸锌或氯化锌溶液，涂刷基层表面数遍，待干燥后除去析出的粉末和浮粒，再涂漆。如使用乳胶漆，则水泥砂浆抹完后一个星期左右，即可涂饰。

六、涂刷底漆

针对各种基层做完相应的处理后，应涂刷适宜的底漆。底漆的颜色以浅色为佳，可避免影响外层面漆的装饰效果。

（1）对于较潮湿的碱性基层，应涂刷一遍耐寒底漆。

（2）对于酥松多孔吸收性强的基层，应涂刷两遍底漆。

（3）对于密度大的基层可选用含油量小的底漆。

（4）对于密度小的基层可选用含油量大的底漆。

模块五　老旧基层的处理

在旧漆膜上重新涂漆时，可视旧漆膜的附着力和表面硬度的大小来确定是否需要全部清除。如旧漆膜附着力很好，用一般铲刀刮不掉，用砂纸打磨时声音发脆，有清爽感觉时，只需用肥皂水或稀碱水溶液清洗擦干净即可，不必全部清除。如附着力不好，已经出现脱落现象，则要全部清除。如涂刷硝基清漆，则最好将旧漆膜全部清除（细小修补除外）。

一、清洗旧漆膜的方法

1. 碱水清洗法

将少量火碱（氢氧化钠）溶解于清水中，再加入少量石灰配成火碱水（火碱水的浓度要经过试验，以能吊起旧漆膜为准）。用旧排笔把火碱水刷在旧漆膜上，等面上稍干燥时再刷一遍，最多刷3～4遍。然后用铲刀把旧漆膜全部刮去，或用硬短毛旧油刷或抹布蘸水擦洗，再用清水（最好是温水）把残留的碱水洗净。这种方法常用于处理门窗等形状复杂、面积较小的物件。

2. 火喷法

用喷灯火焰烧旧漆膜，喷灯火焰烧至漆膜发焦时，再将喷灯向前移动，立即用铲刀刮去已烧焦的漆膜。烧与刮要密切配合，漆膜烧焦后要立即刮去，不能待其冷却，否则会刮不掉。烧刮时尽量不要损伤物件的本身，操作者两手的动作要配合紧密。注意场地周围不得有易燃物。

3. 摩擦法

把浮石锯成长方体块状，或用粗号磨石蘸水打磨旧漆膜，直到全部磨去为止。这种方法适用于清除天然漆旧漆膜。

4. 刀刮法

用金属锻成圆形弯刀（刀口宽度不等，有 40 cm 的长把），磨快刀刃，一手扶把，一手压住刀刃，用力刮铲。还有把刀头锻成直的，装上 60 cm 的长把，扶把刮铲。这种方法较多用于处理钢门窗和桌椅等物件。

5. 脱漆剂法

旧漆膜可用市售 T-1 型脱漆剂清除。方法是将脱漆剂涂刷在旧漆膜上，约 0.5 h 后，待旧漆膜上出现膨胀并起皱时，即可把漆刮去，然后清洗掉污物及残留的蜡质。脱漆剂使用时刺激味大而且易燃，因此操作时要注意通风防火。脱漆剂不能和其他溶剂混合使用。

6. 脱漆膏法

脱漆膏的配制方法有三种。

（1）清水 1 份，土豆淀粉 1 份，氢氧化钠水溶液（1∶1）4 份，边混合边搅拌，搅拌均匀后再加入 10 份清水搅拌 5～10 min。

（2）将氢氧化钠 16 份溶于 30 份水中，再加入 18 份生石灰，用棍搅拌，并加入 10 份机油，最后加入碳酸钙 22 份。

（3）碳酸钙 6～10 份，碳酸钠 4～7 份，水 80 份，生石灰 12～15 份，混成糊状。

使用时，将脱漆膏涂于旧漆膜表面，涂 2～5 层。2～3 h 后，漆膜即破坏，用刀铲除或用水流冲洗掉。如旧漆膜过厚，可先用刀开口，然后涂脱漆膏。

二、旧浆皮的清除

在刷过粉浆或水性涂料的基层上重新刷浆时，必须把旧浆皮清除掉。清除方法：先在旧浆皮上刷清水，然后用铲刀刮去旧浆皮。因浆皮内还有部分胶料，经清水溶解后容易刮去。刮下的旧浆皮是湿的，不会有灰粉飞扬，较为清洁。

如果旧浆皮是石灰浆一类，要根据不同的底层采取不同的处理办法。底层是水泥或混合砂浆抹面的，可用钢丝刷擦刮；如是石灰膏类抹面的，可用砂纸打磨或铲刀刮，石灰浆皮较牢固，刷清水不起作用。任何一种擦刮都要注意不能损伤底层抹面。

第四单元　涂饰基本技法

培训目标：

1. 能针对不同基层正确选用腻子。
2. 会根据不同基层和不同腻子，进行正确的嵌批操作。
3. 能根据不同工序和质量要求，正确选择打磨工具。
4. 掌握打磨技法和打磨要点。
5. 会打磨操作。
6. 能正确选用刷涂和滚涂工具。
7. 会正确进行水性涂料和溶剂型涂料的刷涂、滚涂操作。
8. 能正确进行特殊部位的刷涂操作。

涂饰基本技法是在涂饰工程中，施工人员利用工具对各种原材料、半成品进行处理和加工，完成符合质量要求涂饰面的做法。掌握理论上的操作工艺是基础，关键还要在涂饰实践中不断地总结经验。

涂饰工程一般分为两个阶段：第一是基层处理阶段，包括清除→嵌批第一遍腻子→刷涂封底涂料；第二是涂饰加工阶段，包括嵌批→打磨→调配→刷涂、滚涂等。

模块一　嵌　　批

嵌批是涂饰工程中最重要的工序，作业时间约占涂饰工程的40％。基层经过清除处理后，常会出现一些洞眼、凹坑、裂缝等缺陷。因此，嵌批腻子既弥补基层缺陷，又达到基层表面平整、保证涂膜质量的目的。通过高质量的嵌批，即使是比较粗陋的基层也能涂饰成漂亮的成品。

嵌、批是两个不同的概念。"嵌"即填的意思，可理解为对基层局部较大的缺陷，如虫眼、节疤、孔洞、裂缝、凹坑、刨痕等用腻子填平填实。"批"即满批腻子，指基层全面批刮腻子，一般基层面要满批两遍腻子。

一、腻子的选用与嵌批方法

根据不同基层、不同的面漆和涂饰工艺，选择适当的腻子及嵌批方法，是保证嵌批质量的关键。不同基层腻子的选用与嵌批方法，见表 4—1～表 4—3。

表 4—1 　　　　　　木质面基层腻子的选用与嵌批方法

涂层做法	腻子的选用与嵌批方法
清油→铅油→色漆面涂层	选用石膏油腻子。在清油干后嵌批。对较平整的表面用钢皮刮板批刮，对不平整表面可用橡胶刮板批刮
清油→铅油→清漆面涂层	选用与清油颜色相同的石膏油腻子。嵌批腻子应在清油干后进行。棕眼多的木材面满刮腻子，磨平嵌补部位腻子
润油粉→漆片→硝基清漆面涂层	选用漆片白粉腻子。润油粉后嵌补。表面平整时可在刷过2～3遍漆片后，用漆片大白粉腻子嵌补；表面坑凹处用加色石膏油腻子嵌补，颜色与油粉相同。室内木门可在润粉前用漆片大白粉腻子嵌补，嵌填填实，略高出表面，以防干缩
清油→油色→漆片→薄漆面涂层	选用加色石膏油腻子。在清油干后满批。对表面比较光洁的红、白松面层采用嵌补；对缺陷较多的杂木面层一般要满批
水色→清油→清漆涂层	选用加色石膏油腻子。在清油干后满批。为使木纹清晰要把腻子收刮干净。待批刮的腻子干后，再嵌补漏洞洞眼凹陷
润油粉→聚氨酯清漆底涂层→聚氨酯清漆面涂层	选用聚氨酯清漆腻子，腻子颜色要调成与物面色相同。在润完油粉后嵌批。嵌批时动作要快，不能多刮，只能一个来回

表 4—2　　　　水泥、抹灰面层腻子的选用与嵌批方法

涂层做法	腻子的选用与嵌批方法
无光漆或调和漆涂层	选用石膏油腻子。批头遍腻子干后不宜打磨，二遍腻子批平整。水泥砂浆面要纵横各批一遍
大白浆涂层	选用菜胶腻子或纤维素大白腻子。满刮一遍，干后嵌补。如刷色浆，批加色腻子
过氯乙烯涂层	选用成品腻子。在底漆干后，随嵌随刮（不满批），不能多刮以免底层翻起
石灰浆涂层	选用石灰膏腻子。在第一遍石灰浆干后嵌补，用钢皮刮板将表面刮平

表 4—3　　　　金属面层腻子的选用与嵌批方法

涂层做法	腻子的选用与嵌批方法
防锈漆 → 色漆涂层	选用石膏油腻子。防锈漆干后嵌补。为增加腻子干性，宜在腻子中加入适量的厚漆或红丹粉
喷漆涂层	选用石膏腻子或硝基腻子。为避免出现龟裂和起泡，在底漆干后嵌批。头道腻子批刮宜稠，二、三道腻子宜稀。硝基腻子干燥快，批刮要快，厚度不要超过 1 mm。第二道腻子要在头遍腻子干燥后批刮。硝基腻子干后坚硬，不易打磨，尽量批刮平整

二、嵌批腻子的操作要领

嵌批腻子的操作要领是"实、平、光"。

1. 第一遍腻子要"实"

第一遍腻子要稠厚些，以便于木材表面缺陷的嵌填。但也不可一次填得太厚，填补范围应局限在缺陷附近，以减少沾污或留下大的刮痕。操作时嵌填腻子厚度应稍高于物面，如图 4—1 所示。

2. 第二遍腻子要"平"

在第一遍腻子干后满批第二遍腻子。这遍腻子要调得稍稀一些，把第一遍腻子因干燥收缩而仍然不平的凹陷和整个物面批刮

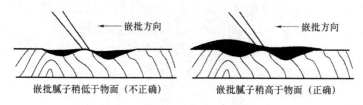

嵌批腻子稍低于物面（不正确）　　　　嵌批腻子稍高于物面（正确）

图 4—1　嵌填腻子操作要领

一遍，要求平整。

　　操作时应将腻子敷在平面上方边缘堆积成一条线，手握刮板稍向前倾斜与平面成 45°～60°角，同时把刮板斜转与边缘夹角 70°左右，把腻子向前批刮，随着刮板上腻子的逐渐减少，夹角逐渐变为 30°时，刮板上的腻子完全抹涂在被涂物表面上，如图 4—2 所示。

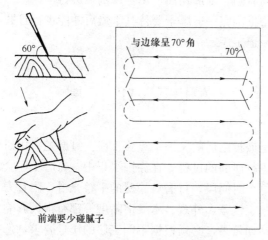

60°

与边缘呈70°角　　70°

前端要少碰腻子

图 4—2　批刮腻子的角度和路线

3. 第三遍腻子要"光"

　　第二遍腻子干后批刮第三遍腻子。这遍腻子要多加一点适宜的油漆，调得更稀一些，再满批一遍。

　　操作时刮板按批刮时运行的轨迹移动，刮板与被涂物表面夹角为 90°时，把多余的腻子刮下来。腻子层基本刮抹平整消除明显痕迹后，修整个别不平整缺陷、接缝痕迹和边缘缺损等，可用腻子少许填料，用刮板挤刮，但用力不宜过大，以防损坏腻子层。最后用砂纸或砂布打磨，也可采用打磨机打磨。

三、注意事项

（1）每遍批刮腻子的顺序是先上后下、先左后右、先平面后棱角。

（2）批刮的动作要干净、快速，特别对那些快干腻子，不能过多地往返批刮，以避免卷皮脱落或腻子中的漆料挤出封住表面，出现腻子不易干燥的现象。

（3）腻子一次批刮不宜过厚，一般不应超过 0.5 mm，以避免腻子因收缩过大而导致开裂、脱落。

（4）遇有圆、菱形物面可用橡皮刮板进行刮涂。

（5）每批刮完一遍腻子要待其干燥后才能进行打磨，打磨后再继续下一道工序。

模块二 打　　磨

打磨是嵌批之后的又一个重要工序。打磨是指用研磨材料对被涂物面进行研磨的过程。在涂饰工程中，打磨工序会出现在涂刷工程中每个时间段。打磨对涂层的平整光滑、附着力及对被涂物面的棱角、线条、外观、木纹清晰度等都有很大影响。要想达到打磨的预期效果，必须根据不同工序的质量要求，选择适当的打磨工具和打磨方法。

一、打磨的作用

（1）清除物件表面的毛刺、凸起、杂物等。

（2）清除涂层的粗颗粒，消除涂膜表面的粗糙不平。

（3）对过于光滑的表面，增加粗糙度，以提高后序涂层的附着力。

二、打磨方式

打磨方式按打磨使用工具不同分为手工打磨和机械打磨。这两种方式中又分别包括干打磨和湿打磨。无论何种打磨方式均应满足表面平整、不伤基层、棱角线条清晰分明等要求。

1. 手工打磨

按照打磨量、打磨精度，选用不同型号的砂纸、砂布。如一般木基层局部嵌批腻子打磨，常用 1 号或 $1\frac{1}{2}$ 号砂纸；满批腻子和封底漆上打磨常用 0 号砂纸；水泥、混凝土基层腻子常用砂布打磨。具体操作方法如图 4—3、图 4—4 所示。

图 4—3　夹砂纸（砂布）打磨

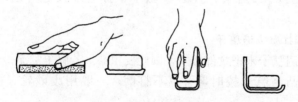

图 4—4　木垫块包砂纸（砂布）打磨

2. 机械打磨

机械打磨采用圆盘打磨机、环形往复式打磨机、带式打磨机等。其优点是生产效率高、劳动强度小、工作环境清洁，主要适用于大面积打磨，如金属面除锈、地板面油漆、细木制品表面和焊缝表面等。使用机械打磨主要应控制好打磨速度和打磨深度。

3. 干打磨

干打磨是指直接用木砂纸、铁砂布、浮石、滑石粉等对表面进行研磨，此法简便，适用于憎水基层、批刮水腻子基层、水溶性涂层和触水生锈工件等。其缺点是操作过程中产生粉尘较多，产生热量较大，容易导致涂膜软化，甚至破坏。

> **提示：**
>
> 打磨造成的灰尘会飘浮在空气中，易被吸入呼吸道而影响肺部功能，因此应佩戴呼吸面罩。为保护眼睛还应戴防护眼镜。

4. 湿打磨

湿打磨是指在砂纸或浮石表面泡蘸肥皂水或含有松香水的乳液作润滑剂进行打磨。适用于硬质涂料、含铅涂料等，工作效率比干打磨高，且粉尘少、打磨质量好。

三、打磨技法

打磨技法包括打磨头遍腻子、打磨二遍腻子、打磨末遍腻子、打磨二遍浆、打磨漆腻子、打磨漆皮、打磨木毛和硬刺。

1. 打磨头遍腻子

头遍腻子未把物件做平，因此要粗磨。若腻子刮涂得干净无渣、无凸高腻子棱时，可以不打磨。一般用废砂轮、粗砂布打磨。

要求达到去高就低的目的。

2. 打磨二遍腻子

二遍腻子是指头遍与末遍中间的几遍腻子。可以干磨或水磨，要求全部打磨一遍。打磨按先平面后棱角顺序进行。干磨应先上后下，湿磨应先下后上。

操作时将 2 号砂布裹在木块上，用手捏住两侧，依靠手臂、腕运动砂布。木块的四角要着力均匀，依次打磨，纵向磨一遍、横向磨一遍，再交替打磨。

要求必须磨平，即使磨光也要磨到露出基面为止。

3. 打磨末遍腻子

如果末遍腻子刮得好，只需要磨光；刮得不好，应先磨平再磨光。磨平采用 $1\frac{1}{2}$ 号砂布或 150 号水砂纸；细磨使用 1～00 号砂布或 220～360 号水砂纸，打磨顺序同二遍腻子。手磨磨不到的地方，可用砂布裹着刮刀或木条进行打磨。

要求必须磨光，做到正视时平整，侧视时亮光闪闪，手摸光滑。

4. 打磨二遍浆

打磨二遍浆完全采用水磨。浆喷得粗糙，可先用 180 号水砂纸，再用 220～360 号水砂纸打磨。注意不能磨漏，即不能磨出底色来。若露出底色，由于渗油量不同，会造成多个光点。水磨时，水砂纸要在温度为 10～25℃ 的水中使用，以免砂纸发脆，否则容易磨手且耗用砂纸多。

5. 打磨漆腻子

打磨漆腻子可以用 00 号砂布蘸汽油打磨，最后用 360 号水砂纸水磨。

6. 打磨漆皮

喷漆后出现的皱皮或大颗粒都需要打磨。因漆皮很硬不易磨，较严重者可先用溶剂溶化，使其颗粒缩小后再用水砂纸蘸汽油打磨。多蘸汽油、着力轻可以避免黏砂纸现象。采用干磨时，手更要轻。

7. 打磨木毛和硬刺

用排笔刷酒精，用火燎一下，使木毛变脆、变硬易于打磨；也可刷一层稀虫胶漆（虫胶：酒精＝1：7～8），干后打磨；或用潮湿软布擦拭表面，使木毛吸收水分膨胀竖起，干后打磨。

四、打磨要点

1. 基层和腻子打磨

基层和腻子打磨适宜干磨。选用较粗的砂纸（1～$1\frac{1}{2}$ 号）

或砂布，线角处用对折砂纸的边角打磨，边缘棱角要去其锐角，打磨圆滑，以利于涂料黏附。在纸面石膏板上打磨，不要使纸面起毛。

2. 层间打磨

层间打磨适宜干磨或湿磨。选用较细的 0 号砂纸、1 号旧砂纸或 280～320 号水砂纸。要求木质面上的透明涂层应顺木纹方向轻轻地打磨，遇有线角部位的凸凹处，可适当采用纵向打磨、横向打磨交叉进行的方法。

3. 面漆打磨

面漆打磨适宜湿磨。选用很细的水砂纸（400 号以上）蘸清水或肥皂水打磨。磨至从正面看是暗光，从水平侧面看如同镜面。此工序仅适用于硬质涂层，打磨边缘、棱角、曲面时不可使用垫块，要轻磨并随时查看，以免磨透。

五、注意事项

（1）打磨必须在涂膜、腻子层干固后进行，否则砂粒易留在涂膜、腻子层内。

（2）打磨应先重后轻、先慢后快、先粗后细。

（3）打磨后均应除净表面的灰尘，以利于下道工序的进行。

（4）打磨时应用力均匀，便于打磨平滑。

（5）打磨异形表面时，砂纸或砂布要与物面形状一致。

（6）涂膜坚硬不平时，应选用锋利的磨具，否则越磨越不平。

（7）一定要拿紧磨具，以防磨伤手。

模块三　刷　　涂

刷涂是使用排笔、毛刷等工具在物体饰面上涂饰涂料的一种最古老、最基本的操作方法。刷涂具有施工方便、适应性广、不易污染环境和非涂装部位、材料浪费少等特点，除少数流平性较差或干燥太快的涂料不宜刷涂外，绝大部分油漆、乳胶漆、色浆等细粉状内外墙涂料或云母片状厚涂料均可采用，但刷涂功效低，外观质量不如喷涂。

一、溶剂型涂料的刷涂

溶剂型涂料的刷涂从工艺的连续性可分为蘸油、摊油、横油、斜油和理油。

1. 蘸油

刷水平面时，刷毛入油深度为毛长的 2/3；刷垂直面时，刷毛入油深度为毛长的 1/2；刷小件时，刷毛入油深度为毛长的 1/3。每次蘸油后应将油漆刷的两面分别在盛漆容器内壁轻拍一两下，使漆液含在刷毛端部，再迅速提至涂刷面上，这样上漆时漆液不易滴落。

对于干燥快、固体含量低的油漆，每次不能蘸得太多，应多蘸几次，蘸油后不要拍打，马上捻转刷柄，迅速横提出盛漆容器快速涂刷。

2. 摊油（开油、上漆）

"摊"含有平均分配的意思，将油漆刷上的油漆摊铺到涂刷面上的做法称为摊油。为了使油漆刷上正反两面的涂料用完，在起点先向上刷涂，将油漆刷背面的涂料摊在物面上，油漆刷走到头后，再从上向下刷涂，将油漆刷正面涂料用完，如图 4—5a 所示。摊油时各刷间距大小依油量多少和基层吸收能力而定。一般物面间距 4 cm 左右。不吃油的物面可以三个刷面的宽度为一条进行摊油，吃油的物面可少留或不留间隙。

3. 横油、斜油（均刷）

利用油漆刷将摊油时的直条油漆向不曾触及的部分用力横向或斜向刷匀的做法称为横油或斜油，如图 4—5b、图 4—5c 所示。

摊油后不再进行蘸油，而是将摊油的涂料以一定的宽度刷开，直到施涂表面涂膜均匀一致为止。没有刷痕、露底现象。四角边缘处应无流挂的现象，一旦发现流挂应立即用油漆刷挤干后，吸出流挂的涂料并理顺。

4. 理油（终刷）

用刷毛的前端顺木纹轻轻地一刷挨一刷将涂料上下理顺称为理油，如图 4—5d 所示。

理油前应将油漆刷在容器的边缘两面刮几下，以刮去残留在毛上的漆液，然后将毛口对准棱角轻轻地沿直线从左向右顺木纹一刷到底，完成一个回路。再从终点棱角处重叠原回路 1/4 平行地刷回。理油要平稳，膜层厚度一致，木板面顺木纹理油，垂直面由上向下理油，水平面顺光线照射方向理油，理油不能中途停刷。

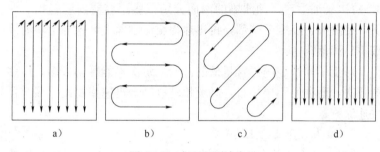

图 4—5　大面积刷涂方法

a) 摊油　b) 横油　c) 斜油　d) 理油

刷涂顺序一般先左后右、先上后下、先难后易、先线角后平面。外开门窗先外后里，内开门窗先里后外。刷涂时，不允许中途起落，刷到邻近物面时将油漆刷轻轻提起收刷，以免产生流坠，如图 4—6 所示。

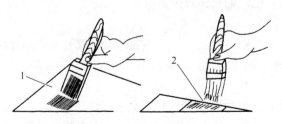

图 4—6　正确的刷涂方法

1—中途不起落　2—邻近边缘轻提

刷涂时手握住刷柄，用手腕带动油漆刷，手腕灵活用力，刷涂速度要求均匀，如图 4—7 所示。

二、水性涂料的刷涂

涂刷水浆涂料及黏度较低的涂料（虫胶清漆、硝基清漆、丙烯酸清漆、聚氨酯清漆等）多选用排笔。用排笔蘸浆后在容器边拍刮两下，使浆料集中于笔毛端部，迅速横提到刷涂面上，用手腕上下左右转动带动排笔，排笔应从内向外有一定的倾斜度。刷涂按从左到右、从上到下、从前到后、先内后外的顺序进行。

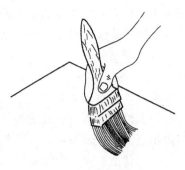

图 4—7　刷涂的方法

涂刷动作要快，用力要均匀，从落笔到起笔，腕力应轻→重→轻，下一笔要与上一笔重叠 1/3。注意不要漏刷，补刷会留下刷痕。刷涂水性涂料时，中途不要停顿。如需间断应选择在墙角、门窗口等自然分界部位。

三、特殊部位的刷涂

1. 分色线的刷法

在刷涂两种不同颜色时，交接处应有整齐的界线。操作时，先选择齐头或斜头状的小毛刷，将刷毛搭在离交接处 25 mm 的墙面上，平稳地向交界处移动，每次刷涂长度为 300～400 mm，各刷之间搭接 25 mm 左右。当刷上的涂料快用完时，将刷抬起刷毛未完全离开墙面时呈弧状收回，收刷时要留茬口。

2. 接缝部位的刷法

对于不足以填塞的木板接缝，涂刷时一般采用三个步骤：第一刷与接缝垂直，使涂料流入缝中；第二刷顺着接缝平行刷，使涂料既能进入缝中，又能将多余的涂料顺缝流下；最后一刷按整个刷涂面的刷涂方向从接缝的高端向低端轻轻平稳地理几下，以保证刷上的涂料不会被刮到接缝中，造成多余的涂料流淌。

3. 边角部位的刷法

在使用大油漆刷、滚筒或喷枪涂饰灯具、木件周围或墙角时，为涂刷方便，避免沾染，需要先用小油漆刷将不易涂刷的部位进行刷涂。操作时先垂直于墙角或门框方向刷涂，再与之平行方向刷涂理平。边角的宽度一般为 50～80 mm，室内一般采用 2″～3″油漆刷，室外可采用 3″～4″油漆刷。

对于乳胶漆等无光涂料，因不易显接痕，可在大面积涂饰前将边角部位全部刷完；对于容易显接茬的有光磁漆等，每次涂刷的边角范围不宜过大，一般按 0.6～1 m 长度为一段，便于在其未干前与其他工具的涂饰衔接。

四、常用涂料刷涂工具选用与刷涂方法（见表 4—4）

表 4—4　　常用涂料刷涂工具选用与刷涂方法

品种	刷涂工具选用与刷涂方法
清油	抹灰面一般采用 3″～4″油漆刷或 16 管排笔刷涂。按正确刷涂顺序均匀涂刷。木质面上涂刷时，为便于调整新旧材料表面色泽，也为方便检查是否刷匀，可加入少量颜色。如刷涂时间较长，稀料蒸发清油变稠，需及时补充稀料调整稠度
铅油	一般可使用刷过清油的油漆刷涂刷，采用"开油→横油→斜油→理油"的操作方法。抹灰面可使用 3″油漆刷或 16 管排笔。木质面上要顺木纹涂刷，线角处不能刷得过厚；在抹灰面上刷涂的头道铅油，要配置得稀一些，以便于刷开、刷匀。刷涂高度较高时应由两个人上下配合，不得使接头处有重叠刷迹。接头选在自然分界处，刷涂顺序一般是先从门后暗角或不明显处开始刷，以避免明显的拼接痕迹。顶棚刷铅油时，刷涂顺序是两人从两边同时向中间刷涂，也可以从中间向两边刷涂，操作中利用顶棚的灯具、灯池、梁柱等作为刷涂的接头处，以弱化留下的接头

品种	刷涂工具选用与刷涂方法
调和漆	刷调和漆可使用刷过铅油的油漆刷，若使用新油漆刷反而不好，容易留下刷痕。操作时油漆刷的刷毛长度应适当，刷毛过长，容易出现涂刷不均匀、皱纹、流坠现象；刷毛过短，容易出现刷痕、露底现象。调和漆涂刷方法与铅油相同，但调和漆的黏度较大，刷涂时应注意多刷、多理
油基磁漆	最好选用半新旧的油漆刷。每次摊油的片段不可过大，动作要迅速，要摊足、摊均。理油时要平稳、用力要均匀
无光油	墙面顶棚刷涂可选用 4″～5″ 的大油漆刷。无光油的涂刷方法与铅油相同，但无光油干燥快，涂刷时一定要两人配合好，动作要迅速，接头处要用排笔或油漆刷刷开、刷匀，轻轻理平。一个完整的物面涂刷完毕后，再刷下一个物面。每遍无光油需要经过 24 h 后，才能进行下道工序。为避免干燥过快，以便于操作，同时保证漆膜质量，刷油时应门窗关闭，刷后开启通风。注意无光油中的松香水有毒性，每次操作 1 h 左右，需要到通风处休息
酚醛清漆和醇酸清漆	可选用猪鬃油漆刷。特点是黏度高、干燥慢，摊油、横油或斜油均匀刷开，用力可大些。最后顺木纹方向理直。理油时用力要逐渐减小，用油刷毛尖轻轻收理平直
硝基清漆	刷具常选用不脱毛，富有弹性的旧排笔或底纹笔。刷时动作要快。每笔刷涂长短要一致（40～50 cm），要顺木纹方向刷涂，不能来回多刷，以免出现皱纹，或将下层的漆膜拉起。为避免将下层漆层溶解，要注意掌握漆中溶剂的挥发速度。干燥快的涂料，一次刷涂的涂层厚度可适当厚些。涂刷第一遍时可稍稠，以后几遍要用 2～3 倍的稀释剂稀释后涂刷
聚氨酯和丙烯酸清漆	宜选用排笔刷涂。特点是含固量高、黏度高、流平性好。操作方法与刷涂硝基清漆相同，但可适当来回多刷，刷涂层要薄。掌握各道涂层的干燥时间。常温下，涂层间应留有 0.5 h 以上自干时间，但也不可过长，否则漆膜坚硬不易打磨，并且涂层之间的结合力减弱，产生分层脱皮现象。聚氨酯清漆每涂刷一层，在常温下间隔时间约为 1 h，最后

品种	刷涂工具选用与刷涂方法
聚氨酯和丙烯酸清漆	一层干燥时间为 24～48 h。操作时的空气相对湿度在 70% 以下，适宜多层薄涂，每层厚度不超过 35 μm（微米）。丙烯酸木器漆常温下干燥时间为 4～6 h，最后一遍需要在常温下干燥 24～36 h 后才可水砂抛光
过氯乙烯漆	宜选用鬃刷。过氯乙烯漆干燥很快，不能来回多刷，接头处不能留有重叠痕迹
虫胶清漆	宜选用排笔刷涂。刷涂的顺序一般按从左到右、从上到下、从前到后、先内后外，顺木纹方向刷涂。刷涂时，精神要集中，动作要敏捷，用力要均匀，不能过多地来回刷，以免出现刷痕、色泽不一、浑浊等缺陷。蘸油时，每笔的漆量尽量保持一致。冬季施工应保持在 15℃ 以上，也可在漆内加入少量的松香酒精溶液（不宜超过用量的 5%）
石灰浆	选用硬毛圆刷或将两把 5″ 油漆刷或三把 3″ 油漆刷拼宽，装上长柄刷涂。小面积可使用 16 管排笔。各刷间要互相挨紧，不留空隙，相接处应刷开、刷匀、刷通。石灰浆不可刷得过厚，以免起壳脱落。涂刷色浆时，应从头遍浆开始加色，前两遍浆中加色要少，但颜色要偏浅于要求的颜色，最后一遍配成样板要求的颜色
大白浆	宜选用多管排刷刷涂。大白浆配好后不能随意加水，要保持糊状，不能沉淀。涂刷大白浆比石灰浆难，因为底层腻子或头遍浆吸收水分后将胶化开，而易被排笔翻起，所以涂刷要轻、快，接头处不得重叠。一般涂刷两遍以上。刷带色大白浆时，应从批腻子时开始加色，加色由浅到深，最后一遍浆与要求的颜色相同。如果墙面的抹灰层未全干，应先刷一遍石灰浆，经过较长的时间达到充分干燥后，再涂刷大白浆，以增强其附着力。如果涂刷面为木丝板，应先刷两遍石灰浆，安装后再刷一遍石灰浆。如果是熏黑的旧墙面，应先清理和清洗，再刷一遍清油，干后刷大白浆

品种	刷涂工具选用与刷涂方法
可赛银浆	可使用笔毛较为柔软的排笔。操作方法与大白浆基本相同，刷涂要细致一些。为使腻子坚硬、牢固，可用大白粉和滑石粉或石膏粉各半调配成腻子。也可利用可赛银粉含胶质的特点，将可赛银粉用开水泡成稠糊状直接嵌批到墙面上。如果墙面较平整，颜色与浆体相近，一般刷涂两遍即可。当头遍浆墙面90%已干燥，无明显湿迹，即可涂刷第二遍浆。但墙面不可过于干燥，否则涂刷第二遍浆时，出现不易刷涂、接头处重叠等现象
聚合物水泥浆	宜选用油刷、排笔，对粗糙的表面可选用圆头硬毛刷。使用圆头硬毛刷应用力圈涂，使料渗入基层表面的孔隙中去。刷涂后应在潮湿状态下养护72 h
乳胶漆	可选用排笔或辊具。乳胶漆一般不需稀释（用于粗糙基层除外），施工温度在10℃以上。乳胶漆干燥快，刷面应一次完成，一般涂刷两遍，两遍漆之间一般间隔2 h。大面积刷涂时，应由多人配合，从一头开始，流水作业，互相衔接向另一头
聚乙烯醇类内墙涂料	选用羊毛排笔或油漆刷。刷涂温度在10℃以上。一般工程刷涂两遍。第一遍可适当多蘸涂料，将涂料刷开。第一遍刷完后1~2 h可刷涂第二遍，第二遍蘸料不宜过多，尽量刷薄。已配制好的涂料，使用时一般不能加水。如冬季有凝冻现象，可加入少量热水至凝冻消失再行施工

五、注意事项

（1）涂层不可过厚，以免引起流挂或起皱，也不可过薄而露底。

（2）为避免刷痕，每次收刷时都应留茬口，即每刷快要结束时，将刷具逐渐抬起，刷毛端部的压力逐步减轻，使涂层慢慢变薄，形成边缘参差不齐、羽毛状的刷涂痕迹，茬口要留在没涂刷过的部位。这种使刷涂或滚涂痕迹边缘的涂层由厚逐渐变薄的涂刷方法，对各种油漆涂料都适用。

（3）刷涂时手腕要灵活，精神要集中，用力要均匀，不能一笔重一笔轻，否则极易出现刷痕、色泽不一致等现象。

模块四 滚 涂

滚涂是利用辊具滚蘸涂料，通过滚压把涂料附着在基层上的涂饰方法。滚涂适用于混凝土、抹灰面、浮雕装饰等涂饰。滚涂成膜厚，适用于室内外大面积施工，属于目前应用最广的施涂方法。

一、滚涂的特点

（1）辊具灵活轻便，易于掌握，操作难度较低。

（2）辊具着浆量大，在面积较大的平面上使用，比刷涂功效高约 2 倍。

（3）使用不同的辊筒，可以做出不同装饰效果的饰面。

（4）辊具适用于滚涂薄质涂料、厚质涂料及毛糙的抹灰面，但不宜用于抹灰面的交接转角处和装饰光洁程度要求高的物面。

二、滚涂方法

1. 涂料调配

先将涂料倒入清洁的容器中，充分搅拌均匀。

2. 选择辊具

根据工艺要求选用不同类型的辊筒，如人造绒毛辊、压花辊、压平辊等。

3. 蘸浆

先将涂料倒入涂料底盘，手握毛辊手柄，把辊筒的 1/2 浸入涂料中，在涂料底盘上滚动几下，待吸足涂料后，再在辊网上轻轻滚动几下，目的是使辊筒所吸附的涂料量均匀，然后在涂饰面上进行滚压，这样滚涂在涂饰表面上后涂层才会均匀一致。

4.滚涂

在涂饰面上进行滚压时用力要均匀，来回上下滚动，直至在被涂饰的物面上形成理想的涂层。

（1）滚压方向要一致，避免蛇行和滑动。在墙面上滚涂，方向应先从下向上，再从上向下，沿"W"形轨迹运行，把涂料大致涂在墙面上，如图4—8所示。然后做水平和垂直方向滚涂，将涂料分布均匀。

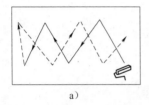 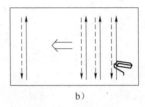

a)　　　　　　　　　　　　　　b)

图4—8　滚涂路线

a）W形滚动　b）垂直滚动

（2）滚压至接茬部位或达到一定的段落时，可用不蘸涂料的空辊子滚压一遍，以保持涂饰面的均匀和完整，并避免接茬部位显露明显痕迹。

（3）阴角及上下口等细微狭窄部位，可先用排笔、弯把毛刷等进行刷涂，然后再用辊筒进行大面积滚涂。

（4）滚涂一般要求2～3遍成活，两遍滚压之间应留有足够的干燥时间。饰面要求花纹图案完整清晰，均匀一致，涂层厚薄均匀，颜色协调。

三、注意事项

（1）涂料的稠度应根据基层表面的干湿程度、吸水快慢来调配。

（2）为避免色差，每日按分段施工，不留接茬缝。一个平面的滚涂做到一次连续完成，以免接头处留下痕迹。

（3）开始时要少蘸涂料，滚动稍慢，避免涂料被用力挤出飞溅。

（4）饰面不平时，应使用窄辊筒施涂。

（5）滚涂中出现气泡，可待涂层稍干后，用蘸浆较少的辊筒复压一次。

（6）在涂饰过程中，如需调换涂料，应在清水、香蕉水中洗净后，再滚涂另一种涂料。

第五单元 涂饰施工工艺

培训目标：

1. 了解相关质量验收评定标准。
2. 熟悉一般刷浆、内墙面和金属面涂饰常用材料和工具。
3. 掌握一般刷浆、内墙面和金属面涂饰的操作工艺流程。
4. 会正确进行一般刷浆、内墙面和金属面涂饰施工操作。

模块一 一般刷浆涂饰施工工艺

一般刷浆涂饰施工适用于工业与民用建筑室内外一般刷浆工程。涂饰方法包括刷涂和滚涂。

一、施工准备

1. 常用材料

（1）涂料。大白浆、石灰浆、可赛银浆、聚醋酸乙烯乳液及其他配套材料。

（2）填料。石膏粉、大白粉、滑石粉等材料，应满足设计和规范要求。

（3）颜料。氧化铁红、氧化铁黄、锌白、群青等无机颜料，室外使用还应考虑耐光性。

（4）腻子。腻子必须与使用的涂料配套，满足耐水性要求。并应适用于水泥砂浆、混合砂浆基层。

（5）其他材料。火碱、玻璃纤维网格带等应满足设计要求和行业标准。

2. 常用工具

常用工具有塑料刮板、橡皮刮板、托板、腻子刀、腻子槽、排笔、辊具、铲刀、涂料盘、辊网、小提桶、砂纸、高凳、棉丝等。

二、操作工艺流程与要点

本工艺只适用于室内和室外不受潮湿及雨水影响的部位，如阳台底板、分户板等，与室内涂料做法基本相同。

操作工艺流程：基层处理→刷（滚）乳胶水→嵌补缝隙、局部刮腻子、磨平→石膏板墙面拼缝处理→满刮腻子、磨平→刷（滚）涂第一遍浆→复补腻子、磨平→刷（滚）涂第二遍浆→刷（滚）涂交活浆。

1. 基层处理

将墙面的灰尘清扫干净。黏附的隔离剂、油污应用碱水（火碱∶水＝1∶10）涂刷墙面，最后用清水冲净。如果是旧墙，应将原有粉浆全部清除干净。

提示：

灰尘主要来自基层处理和打磨，灰尘被吸入呼吸道会影响肺部功能，因此应避免在有灰尘环境下作业。清除灰尘不宜采用人工扫刷。有条件的应尽量使用吸尘器；也可以采取湿作业。

---

2. 刷（滚）乳胶水

刮腻子之前，在混凝土墙面上先刷一道乳胶水，以增强腻子与基层表面的黏结性，配合比（质量比）为水∶聚醋酸乙烯乳液＝5∶1，刷涂要均匀，不得有遗漏。

3. 嵌补缝隙、局部刮腻子、磨平

嵌补腻子用石膏腻子将墙面、窗口等易磕碰破损处，较大的麻面、蜂窝、裂缝等分遍补好找平，腻子干透后，先将多余的腻子铲平整，再用1号砂纸将墙面打磨平整。

4. 石膏板墙面拼缝处理

石膏板嵌缝材料，适宜采用嵌缝石膏腻子粉（厂家配套产品），按产品说明比例先将清水倒入干净的容器内，再投入嵌缝石膏粉，搅拌成无块糊状腻子，适用施工时间为 45 min，该腻子接近石膏板的配料，黏接强度和变形等物理性能基本相同。

操作时用刮刀将石膏嵌缝腻子均匀饱满地嵌入板下部的拼缝内，要使腻子挤出板背面、板边缝外，形成一凸出的腻子沿口，使板缝边与嵌缝腻子咬接多而更牢固。紧接着在接缝处刮上宽约 60 mm、厚约 1 mm 的腻子，随即把玻璃纤维网格带贴上，用刮刀将网格带压入腻子中，腻子应盖过网格带的宽度。待腻子干透后，在接缝处用刮刀再补嵌一遍石膏腻子，再待腻子完全干透后，用 2 号砂布打磨平。

5. 满刮腻子、磨平

普通级没有此道工序，中级满刮 1~2 遍腻子。

第一遍满刮腻子用橡皮刮板横向满刮，一刮板接一刮板，接头处不得留茬，最后收头时应干净利落。内墙腻子的配合比（质量比）为聚醋酸乙烯乳液：滑石粉或大白粉：水＝1：5：3.5；外墙腻子的配合比（质量比）为聚醋酸乙烯乳液：水泥：水＝1：5：1，待满刮腻子干燥后，用砂纸打磨平整。

第二遍满刮腻子操作方法与第一遍相同，但刮抹方向与第一遍方向相垂直。用细砂纸打磨平整光滑。

刮腻子时，不要一次刮得太厚，以防止腻子收缩形成裂缝。腻子应坚实牢固，不得有粉化、起皮、裂纹等现象。如面层要涂刷带颜色的浆料，则腻子也要适量掺入与面层颜色相协调的颜料。

提示：　　　　　　　　　　腻子的用量

一般为每遍每平方米墙面面积使用 0.8 kg 腻子（湿腻子）。墙面平整度越好，腻子用量越少；墙面平整度越差，腻子用量则越多。

6. 刷（滚）涂第一遍浆

为增加浆与基层的黏结强度，在刷浆前，先刷一道胶水。刷涂应颜色均匀、分色整齐、不漏刷，每个基面应一次刷完。施工操作顺序为先将门窗口周围用排笔刷好，如果墙面与顶棚为两种颜色，应在分色线处用排笔齐线并刷 200 mm 宽以利于接茬，然后按先顶棚后墙面、先上后下的顺序进行大面积的施涂。

墙面较粗糙的宜采用辊具滚涂，滚涂顺序同刷涂。滚涂应掌握好力度，用力应先轻后重，使涂料均匀压出，阴角交接处用排笔理顺。

7. 复补腻子、磨平

第一遍干燥后，对墙面的麻点、坑洼、刮痕等用腻子找平刮平，干后用细砂纸轻磨并扫净。

8. 刷（滚）涂第二遍浆

操作方法与第一遍基本相同。刷石灰浆应与第一遍浆刷浆方向一致。刷可赛银浆第一遍为横刷，第二遍为竖刷。第二遍浆干燥后，用细砂纸将浮粉轻轻磨掉并扫净。

9. 刷（滚）涂交活浆

交活浆应比第二遍浆的胶量适当增大一点，以防止刷浆的涂层掉粉、脱皮。刷（滚）涂的遍数由刷浆等级决定。

三、质量验收标准

1. 主控项目

（1）刷浆工程所用刷浆的品种、质量等级和性能应符合设计要求及有关标准的规定。

（2）刷浆工程的颜色、图案应符合设计要求。

（3）刷浆工程严禁漏涂、透底、起皮和掉粉。

（4）水性涂料涂饰工程的基层处理应符合下列基本要求。

1）新建筑物的混凝土或抹灰基层在涂饰前，应涂刷抗碱封闭底漆。

2）旧墙面应清除酥松的旧装修层，并涂刷界面剂。

3）混凝土或抹灰基层施涂水性涂料时，含水率不得大于 10%。

4）基层腻子应平整、坚固，无粉化、起皮和裂缝。

2. 一般项目

一般刷浆涂饰质量标准见表 5—1。要求涂层与其他装修材料和设备衔接处应吻合，界面应清晰。

表 5—1　　　　　　　一般刷浆涂饰质量标准

项次	项目	装饰等级	
		普通涂饰	中级涂饰
1	反碱、咬色	有少量，不超过三处	有少量轻微，不超过一处
2	刷纹	刷纹通顺	刷纹通顺
3	流坠、疙瘩、溅沫	有少量轻微	有少量轻微，不超过三处
4	颜色、砂眼、划痕	—	颜色一致，有轻微少量砂眼、划痕
5	装饰线、分色线平直度（拉 5 m 线检查，不足 5 m 拉通线检查）	—	偏差不大于 2 mm
6	门窗、灯具等	洁净	洁净

知识链接：　　　　　流　　坠

　　产生流坠的主要原因是涂料黏度过低，刷子蘸浆过多；或浆液过稀。在施工中涂料的黏度应合理，要控制每遍涂刷的厚度。刷涂过程中，要勤蘸、少蘸、勤顺，特别是凹槽处及造型细微处，要及时刷平。修理流坠时，应待涂膜干透后，用细砂纸打磨平滑后，再涂刷一遍涂料。

刷　纹

产生刷纹的主要原因是涂料黏度过大，涂刷时未按一个方向顺刷；或使用的刷具过小；或刷毛过硬及刷毛不齐。施工时应选择适宜的涂料黏度和质量好的毛刷。修理刷纹时，用细砂纸打磨平整后，再涂刷一遍涂料。

四、注意事项

（1）涂刷大白浆动作要敏捷，为改善大白浆和易性，可适量掺入羧甲基纤维素。

（2）在旧装饰层上刷涂大白浆前，应在基层处理后，先刷1～2遍用熟猪血和石灰水配成的浆液，以防出现泛黄、起花等现象。

（3）室外刷涂石灰浆，可掺入干性油和食盐或明矾，以免浆膜掉粉。

（4）室外刷涂分片操作时，宜以分格缝、墙面阴角处、雨水管等为分界线。

（5）施涂前检查高凳和脚手板是否搭设牢固，高度是否满足要求。

提示：

1. 放置高凳时，要四脚放平、放稳，不能有摇动或三脚着地、一脚悬空的现象。

2. 使用高凳时，必须绑好安全绳带，梯脚应包裹麻布或胶皮，以防滑倒。

3. 若用两个高凳搭脚手板（跳板）施工，板不能放在最高一档上，以防翻倒。

模块二　内墙面涂饰施工工艺

一、内墙面乳胶漆涂饰施工

内墙面乳胶漆涂饰施工适用于工业与民用建筑室内墙面水泥砂浆表面、混合砂浆抹灰表面、混凝土和石膏板表面等的饰面施工。涂饰方法包括刷涂和滚涂。

1. 施工准备

（1）常用材料

1）涂料。内墙乳胶漆、胶黏剂、聚醋酸乙烯乳液、合成树脂溶液、清油等。

2）腻子。腻子必须与使用的涂料配套，并适用于水泥砂浆、混合砂浆基层。

3）其他材料。石膏粉、滑石粉、大白粉等。

（2）常用机具。铲刀、腻子刮刀、钢皮刮板、橡皮刮板、托板、金属滤筛、搅拌棒、排笔、辊具、涂料盘、辊网、高凳、砂纸、小提桶等。

2. 操作工艺流程与要点

操作工艺流程：基层处理→嵌补腻子、局部刮腻子、磨平→石膏板墙面拼缝处理→满刮腻子、磨平→刷（滚）涂第一遍乳胶漆→刷（滚）涂第二遍乳胶漆→刷（滚）涂第三遍乳胶漆。

（1）基层处理。基层处理同"一般刷浆涂饰"。

（2）嵌补腻子、局部刮腻子、磨平。嵌补腻子同"一般刷浆涂饰"。

（3）石膏板墙面拼缝处理。石膏板墙面拼缝处理同"一般刷浆涂饰"。

（4）满刮腻子、磨平。满刮腻子同"一般刷浆涂饰"。

（5）刷（滚）涂第一遍乳胶漆。先将墙面清扫干净，用干净的软布擦净。刷（滚）涂顺序按先左后右、先上后下、先远后近、先边角后平面、先顶棚后墙面进行，以防漏涂或涂刷过厚。

排笔蘸涂料要适度，刷涂时应一刷紧接一刷，避免时间间隔过长，看出明显接茬。由于乳胶漆的干燥速度较快，因此大面积施涂时，应配足人员，互相衔接好。另外涂刷时要多理多顺以避免明显刷纹。干燥后复补腻子，待腻子干燥后用 1 号砂纸磨光。

涂刷彩色乳胶漆时，配料要一次配足，保证每间房或每个墙面使用同一批涂料，以保证颜色一致。

链接：　　　　　　　　　乳胶漆的调色

配色时，可直接让经销商根据色卡用电脑调色系统调色。如果用量小，可现场调色，调色时必须使用专用的色浆，将色浆先用水稀释后再逐步加入乳胶漆内，边加边搅拌，直至接近色卡的颜色。调色要求一次调足调够，因为重新调色很难调出与第一次完全一样的颜色，即使看似颜色无异，一旦上墙也极易出现色差。

滚涂时，为能够长时间均匀涂饰，不应过分用力压辊子，不要让辊子中的涂料全部挤出后才去蘸涂料，应使辊子内保持一定的涂料。边角等不易滚涂到的部位需用刷子涂刷。滚涂至接茬部位时，应用不蘸涂料的空辊子滚压一遍，以保持滚涂饰面的均匀与完整，避免在接茬部位显露明显痕迹。

（6）刷（滚）涂第二遍乳胶漆。操作方法及要求与第一遍乳胶漆相同。刷（滚）涂之前应充分搅拌，如不很稠，应不加或少加水和稀释剂，以防露底。漆膜干燥后，用细砂纸将墙面上的小疙瘩打磨掉，磨平磨光后用软布擦干净。

（7）刷（滚）涂第三遍乳胶漆。操作方法及要求与第二遍乳胶漆相同。因乳胶漆的漆膜干燥较快，应快速连续操作。

链接：　　　　　　　**乳胶漆的用量**

　　一般乳胶漆的用量为：大桶包装的（每桶 18～ 20 kg）刷两遍，可涂刷 90～120 m²。分色使用时损耗量会增加。

3. 质量验收标准

（1）主控项目

1）涂饰工程所用涂料的品种、型号和性能应符合设计要求。

2）水性涂料涂饰工程的颜色、图案应符合设计要求。

3）水性涂料涂饰工程应涂饰均匀、黏结牢固，无漏涂、透底、脱皮、反锈和斑迹、掉粉。

4）水性涂料涂饰工程的基层处理应符合下列基本要求。

①新建筑物的混凝土或抹灰基层在涂饰前，应涂刷抗碱封闭底漆。

②旧墙面应清除酥松的旧装修层，并涂刷界面剂。

③混凝土或抹灰基层施涂水性涂料时，含水率不得大于 10%。

④基层腻子应平整、坚固，无粉化、起皮和裂缝。

（2）一般项目。内墙乳胶漆涂饰质量标准参见表 5—1。要求涂层与其他装修材料和设备衔接处应吻合，界面应清晰。

链接：　　　　　　**内墙乳胶漆的选用方法**

　　1. 内墙乳胶漆品牌众多，鱼龙混杂，应选择知名度高、信誉好的品牌。

　　2. 内墙乳胶漆的重要质量指标有漆膜耐擦洗性、环保性及涂膜遮盖力等。

　　3. 耐擦洗性的测试可将乳胶漆刷在一小块木板上，干后用湿毛巾做擦洗试验，如果反复擦洗不掉白、不透底的质量较好。

4. 环保性应看包装铁桶表面上的绿色十环标志，该标志是直接印刷在桶面上的，如果是黏贴在桶面上的很可能是假货。另外可打开包装闻气味，如果有怪味或臭味，说明环保性较差；如果有较浓的香味，有可能是加入了香料来掩盖怪味，其环保性也值得怀疑。

5. 遮盖力好的乳胶漆，会在相同用量时能涂刷较大的面积而不透底。可在色纸或有色样板上涂饰乳胶漆进行测试，以完全遮盖底色时涂料的用量评价其遮盖力。

4. 注意事项

（1）乳胶漆应储存在室内，要求温度在 0℃ 以上，否则易受冻破乳，但也不能温度过高，超过 60℃ 以上会聚合膨胀。如乳胶漆发生破乳或膨胀必须禁止使用。

（2）混凝土及抹灰墙面不得有起皮、起砂、松散等缺陷。正常温度下，抹灰面龄期不得少于 14 d，混凝土基材龄期不得少于一个月。

（3）大面积施工前应先做好样板，经检查鉴定合格后，方能组织工人施工。

（4）乳胶漆的最低施工温度，一般为 10℃ 以上，温度过低，不能成膜。如果在冬季进行涂料施工，应在采暖条件下进行，同时设专人测试温度，以保证室内温度均衡。

（5）如果顶棚和墙面采用两种不同颜色，且交界部位不太平直时，可在顶棚与墙面之间空出 0.5 cm 的空隙，以便涂刷边缘显得平整。

（6）室内应保持通风良好。

（7）涂料施涂前，应检查高凳和脚手板是否搭设牢固，高度是否满足要求。

二、内墙面调和漆涂饰施工

内墙面调和漆涂饰施工适用于室内墙面、顶棚、墙裙、踢脚线等部位的油漆饰面工程。涂饰方法包括刷涂和滚涂。

1. 施工准备

（1）常用材料

1）涂料。光油、铅油、清油、油性调和漆（酚醛调和漆、醇酸调和漆等）、缩甲基纤维素、聚醋酸乙烯乳液等。

2）填充料。石膏粉、滑石粉、大白粉、红土子、地板黄、黑烟子等。

3）稀释剂。各种与油漆相配套的稀料、酒精、煤油、汽油、松香水等。

4）颜料。各色颜料应耐光、耐碱。

5）腻子。腻子必须与使用的涂料配套，并适用于水泥砂浆、混合砂浆基层。

（2）常用工具。橡皮刮板、钢皮刮板、腻子槽、油漆刷、排笔、辊具、涂料盘、大桶、小提桶、高凳、砂纸、擦布、棉丝等。

2. 操作工艺流程与要点

操作工艺流程：基层处理→嵌补缝隙、局部刮腻子、磨平→石膏板墙面拼缝处理→满刮腻子、磨平→刷（滚）涂第一遍涂料→刷（滚）涂第二遍面层涂料→刷（滚）涂第三遍面层涂料。

（1）基层处理。基层处理同"一般刷浆涂饰"。

（2）嵌补缝隙、局部刮腻子、磨平。嵌补腻子同"一般刷浆涂饰"。

（3）石膏板墙面拼缝处理。石膏板墙面拼缝处理同"一般刷浆涂饰"。

（4）满刮腻子、磨平。满刮腻子同"一般刷浆涂饰"。墙面如有分色线，应在涂刷前弹线。

（5）刷（滚）涂第一遍涂料。第一遍铅油施涂前，可进行第二遍清油打底。施涂底油的重要目的是增强腻子与墙面之间、铅油与腻子之间的附着力，也是为了刷涂铅油均匀，同时节省铅油用量（节省 10%～20%）。施涂底油时手势要重，必须把墙面上的浮粉刷掉，特别在刷第一遍时，应把孔洞、缝隙中的浮粉刷掉，以免嵌入孔洞、缝隙中的腻子黏结不牢。

第一遍涂刷遮盖力较强的铅油，其稠度以盖底、不流淌为准。刷（滚）涂顺序按先左后右、先上后下、先远后近、先边角后平面、先顶棚后墙面进行，以防漏涂或涂刷不均匀。第一遍涂料完成后，个别部位还应复补腻子，待腻子干透后，用砂纸磨平磨光。墙面如有分色线，应先涂浅色，后涂深色。滚涂方法同"内墙面乳胶漆"。

（6）刷（滚）涂第二遍面层涂料。操作方法及要求与涂刷第一遍涂料相同。若为中级涂饰，此遍可刷铅油。严格控制稠度，不可随意加入稀释剂，以免透底。待涂料干燥后，用细砂纸把墙面磨平磨光，最后用潮湿的软布擦净。

（7）刷（滚）涂第三遍面层涂料。若墙面为中级涂饰，则此遍可采用调和漆，并作为最后一遍罩面涂料。刷涂面漆适宜使用涂刷过铅油的旧漆刷，以免施涂不均匀、刷纹粗。

3. 质量标准

（1）主控项目

1）油漆工程所用油漆的品种、型号和性能应符合设计要求。

2）油漆工程的颜色、光泽、图案应符合设计要求。

3）油漆工程应涂饰均匀、黏结牢固，不得漏涂、透底和起皮。

4）溶剂型涂料涂饰工程的基层处理应符合下列基本要求。

①新建筑物的混凝土或抹灰基层在涂饰前，应涂刷抗碱封闭底漆。

②旧墙面应清除酥松的旧装修层，并涂刷界面剂。

③混凝土或抹灰基层施涂溶剂型涂料时，含水率不得大于8%。

④基层腻子应平整、坚固，无粉化、起皮和裂缝。

（2）一般项目。调和漆涂饰质量标准见表5—2。要求涂层与其他装修材料和设备衔接处应吻合，界面应清晰。

表 5—2 　　　　　　　　　　　**调和漆涂饰质量标准**

项次	项目	装饰等级	
		普通涂饰	中级涂饰
1	透底、流坠、皱皮	大面无	大面无，小面明显处无
2	光亮、光滑	大面光亮、光滑	光亮、光滑，均匀一致
3	颜色、刷纹	颜色均匀	颜色一致，刷纹通顺
4	装饰线、分色线平直度（拉 5 m 线检查，不足 5 m 拉通线检查）	偏差不大于 2 mm	偏差不大于 1 mm
5	门窗、玻璃等	洁净	洁净

注：无光色漆不检查光亮。

链接：

粗　糙

粗糙的主要原因是涂料质量差；或施工环境中灰尘大和工具不洁净。除按照规范施工外，应选择质量较好的涂料。修理粗糙时，应待涂膜干透后，用砂纸将涂膜粗糙处打磨光滑，重新涂刷一遍面层涂料。

龟　裂

龟裂的主要原因是基层未干透、含水率过大；或由于腻子配制不当，黏结效果差。施工前基层应充分干燥，腻子黏接牢固。修理龟裂时，应待涂膜干透后，用砂纸将龟裂的涂膜打磨掉，重新涂刷。

4. 注意事项

（1）当漆面干燥太快时，可稍加清油，以免在接头处产生明显接茬。

（2）配料应配足且应一次用完，以确保颜色一致。

（3）混凝土及抹灰墙面不得有起皮、起砂、松散等缺陷。

（4）大面积施工前应先做好样板，经检查鉴定合格后，才能组织工人施工。

（5）适宜施工温度为 5～35℃，环境干燥通风良好。如果在冬季进行涂料施工，应在采暖条件下进行。

（6）室内应保持通风良好。

（7）并采取相应的劳动保护措施，如防毒面罩、口罩、手套等，以免对身体造成损害。

（8）涂料使用后应及时封闭存放，剩余涂料应收集后集中处理。废弃物（如废油桶、棉纱等）按环保要求分类处理。

模块三　金属面涂饰施工工艺

金属面施涂调和漆包括钢门窗、钢结构表面中级、高级油漆施工。涂饰方法为刷涂。

一、施工准备

1. 常用材料

（1）涂料。光油、清油、铅油、调和漆（磁性调和漆、油性调和漆）、醇酸清漆、醇酸磁漆、防锈漆（红丹防锈漆、铁红防锈漆）等。

（2）填充料。石膏粉、大白粉、地板黄、红土子、黑烟子、纤维素等。

（3）稀释剂。汽油、煤油、醇酸稀料、松香水、酒精等。

（4）腻子。腻子必须与使用的涂料配套，并满足耐水性要求。

2. 常用机具

常用机具有圆盘打磨器、钢针除锈枪、旋转钢丝刷、钢皮刮板、橡皮刮板、腻子刀、牛角刮板、滤漆筛、油漆刷、油画笔、小提桶、砂布、砂纸、软布、高凳等。

二、操作工艺流程与要点

操作工艺流程：基层处理→刷防锈涂料或补刷防锈涂料→修补腻子→满刮腻子、打磨→刷第一遍色漆→刮腻子、打磨→刷第二遍色漆、打磨→刷第三遍色漆。

1. 基层处理

金属表面的处理，除油脂、污垢、锈蚀外，最重要的是表面氧化皮的清除，常用的方法有机械清除、手工清除、火焰清除、喷砂清除。根据不同的基层要求，除锈要彻底。

2. 刷防锈涂料或补刷防锈涂料

除锈后，根据环境条件、设计要求，满刷防锈漆1～2遍。涂刷顺序为先左后右、先上后下、先边角后平面。对安装过程的焊点、防锈漆磨损处，需清除焊渣，补刷1～2遍防锈漆。

3. 修补腻子

待金属表面的防锈漆膜干透后，将钢门窗的砂眼、凹坑、缺棱拼缝等处找补腻子，要求钢结构表面腻子刮平整。配合比（质量比）为石膏粉：熟桐油：油性腻子或醇酸腻子：底层涂料：水＝20：5：10：7：适量。调制以软硬适中、挑丝不倒为宜。待腻子干透后，用1号砂纸打磨光滑，用软布擦净。

4. 满刮腻子、打磨

用橡皮刮板在钢结构表面满刮一遍腻子，配合比同上。要刮得薄且平整均匀，待腻子干透后，用1号砂纸打磨、擦净。

5. 刷第一遍色漆

可采用铅油或醇酸无光调和漆，也可以用铅油和调和漆等量配制。

分色色漆涂饰，一般为外深内浅，为了分色线的清晰、整洁，本着先难后易的原则，先将分色线刷出，再刷深色，最后刷浅色。分色线处理在窗扇、门扇的侧面阴阳角处及窗框、门框的中央。最后刷浅色漆，同样注意不要越过已经施涂过的分色线。深浅色漆之间应留有足够的干燥时间，以免在分色线处产生混色现象。

若主要面为深色漆，则应采取先浅后深的方法，即先后顺序是根据最后一遍色漆的位置而定。不把分色线暴露在主要的一面。

重点检查线角和阴阳角处有无流坠、漏刷、裹棱、透底，并及时修整。

6. 刮腻子、打磨

待油漆干透后，对腻子收缩或残缺处，再用石膏腻子刮抹一次，待腻子干透后，用1号以下的砂纸打磨。要求与操作方法同前，打磨好后用潮湿软布擦净。刷好防锈漆和底漆的钢门窗，应安装玻璃，并抹好油灰，窗子里面的底灰也应修补平整。

7. 刷第二遍色漆

操作方法与第一遍相同。待腻子干透后，用1号砂纸（新砂纸应将两张对磨，把大砂粒磨掉）或旧砂纸轻磨一遍，最后用潮湿软布擦净。在玻璃油灰上刷油，应盖过油灰 0.5～1.0 mm，以起到密封作用。

8. 刷第三遍色漆

操作方法与第一遍相同。最后将门窗扇打开用桄钩或木楔子固定好。

三、质量验收标准

1. 主控项目

(1) 涂饰工程所用涂料的品种、型号和性能应符合设计要求。

(2) 涂饰工程的颜色、光泽应符合设计要求。

(3) 涂饰工程应涂饰均匀、黏结牢固，不得漏涂、透底、起皮和反锈。

(4) 基层腻子应平整、坚实、牢固、无粉化、起皮和裂缝。

2. 一般项目

金属面色漆涂饰质量标准见表5—3。

表 5—3　　　　　　　　　金属面色漆涂饰质量标准

项次	项目	装饰等级	
		中级涂饰	高级涂饰
1	颜色、刷纹	颜色一致，刷纹通顺	颜色一致，无刷纹
2	光亮、光滑	光亮、光滑，均匀一致	光亮足，光滑无挡手感
3	分色裹棱	大面无，小面允许偏差 1 mm	大、小面均无
4	透底、流坠、皱皮	大面无，小面明显处无	大、小面均无
5	五金、玻璃	洁净	洁净

注：施涂无光漆时，不检查光亮。

链接：

皱　皮

　　产生皱皮主要是由于涂刷时或涂刷后，涂膜遇高温或太阳暴晒，表层干燥收缩而里层未干；或可能是涂膜过厚。施工中应避免在高温及日光暴晒条件下操作，根据气温变化，可适当稀释，每次涂刷要薄。修理皱皮时，应待涂膜干透后，用砂纸将皱皮处打磨平整，重新涂刷。

四、注意事项

　　（1）对金属等无孔隙基层、底层和中间涂层都不宜摊得过厚，并应刷开、刷到，只有面漆可适当厚一些。

　　（2）在玻璃油灰上刷油，应等油灰达到一定强度后方可进行。

　　（3）施工前应对钢门窗外形进行检查，若有变形不合格的应及时拆换。

　　（4）施工环境应通风良好，温度不宜低于 10℃，相对湿度不宜大于 60%。

　　（5）大面积施工前，应事先做样板，经有关质量部门检查鉴定合格后，才可组织人员进行施工。

第六单元　安全防护与防火自救

培训目标：

1. 掌握有关涂料施工的安全防护。
2. 能进行正确的卫生防护。
3. 熟悉施工中的应急处理预案。
4. 会正确逃生自救。
5. 会正确使用常用灭火器材。

模块一　安全防护常识

一、涂料施工的安全防护

1. 涂料储存的安全防护

(1) 建造涂料仓库应使用非燃烧材料。

(2) 库房位置的设定要远离明火作业点和高压线，与其他建筑物应保持一定的安全距离。

(3) 涂料库房应保持干燥、阴凉、通风，防止强光暴晒、邻近火源。

(4) 库房温度一般应保持在 15～25℃，相对湿度在 50%～75%，并采取防火、防爆、通风、降温等防护措施，防止出现鼓桶、喷溅事故。

(5) 易燃或有毒涂料，应存放在专用库房内，不能与其他材料混放，并指定专人负责。

(6) 挥发性材料必须存放于密闭容器内。

(7) 库房应保证良好的通风，悬挂醒目的"严禁烟火"的标志，配备足够数量的灭火装置，如泡沫、二氧化碳型灭火器或干粉灭火器。

（8）危险化学品采购由专人负责，必须到有经营或生产危险化学品资质的单位购买，并对所购危险品的品种、数量等进行登记。

2. 涂料调配的安全防护

（1）调配涂料应在通风良好、干燥、阴凉的配料房内进行，使用煤油、汽油、松香水、丙酮等易燃材料调配时，应佩戴好防护用品。

（2）配料房内及附近均不得有火源，并要配备足够数量的消防设备。

（3）配料房内的稀释剂和易燃油漆必须放在专用库中妥善保管，切勿放在门口和人经常走动的地方。

（4）调配好的油漆，如果放在大口铁桶内，需要盖上皮纸并用双层皮纸塑料盖住桶口，用细绳系紧，以防气体挥发。

（5）配料房只准存放一天的涂料和稀释剂用量，并避免放在门口和人员经常走动的地方，选择安全地点妥善摆放、盖好桶盖，防止挥发。

（6）配料房必须经常打扫，随时清除漆垢、干残渣和可燃物。

（7）使用硝基清漆和香蕉水等稀释剂时，容易挥发大量可燃液体蒸气，应注意及时通风并避免明火。

3. 涂料施工的安全防护

（1）现场施工人员应对施工环境有充分的了解，如果有火灾出现能及时有效地进行灭火，防止爆炸事件的发生。

（2）夜间作业时，照明灯应用玻璃罩保护，防止漆雾沾上灯泡而引起爆炸，现场禁止使用高温灯照明。

（3）为避免静电聚集，罐体涂漆应设有接地保护装置。

（4）沾有油漆的工作服应挂在固定通风的地方，工作服内不能装沾漆的棉纱等，以防自燃。

（5）擦拭油漆的棉纱、破布等物品应集中妥善存放在有清水的密闭桶中，集中销毁或用碱将油污洗净以备再用。

（6）在油漆使用过程中，尽量避免敲打、碰撞、冲击、摩擦等动作，防止产生火花引起燃烧。

（7）施工中注意将涂料和溶剂的桶盖严，避免溶剂挥发，施工场所应有排风和排气设备，以防止溶剂蒸气的浓度过高，而达到爆炸下限。

（8）五级以上大风时，严禁在高空及外檐处进行操作。

（9）施工场地严禁吸烟，并有各种防火醒目标志，配备灭火器材。

（10）冬季涂料施工时，严禁使用火炉取暖和提高油漆作业场所的环境温度，加快油漆干燥速度。

（11）涂件烘烤时，严禁使用有电阻丝外露的电烘箱或有明火的烘房。

（12）涂料施工中需要动火检修焊、割时，应按照公司准用程序，申请《热加工许可证》，并且采取必要的防范措施后才能进行。

（13）在工地进行涂料施工时，必须佩戴安全帽。

（14）凡在有可能坠落高度基准面 2 m 以上（含 2 m）高处进行涂饰的，称为高处作业。高处作业时，要头戴安全帽、腰系安全带，必要时应搭设安全网。

（15）刷外开窗扇必须佩戴安全带，并将安全带挂在牢固的地方，刷封檐板、水落管等应搭设脚手架或吊架。在铁皮坡屋面上刷油时，应使用活动板、防护栏杆和安全网。

（16）脚手板应具有足够的宽度，搭接处要牢固，避免空洞或探头。

（17）用喷砂除锈时，喷嘴接头要牢固，不准对人。喷嘴堵塞时，应停机消除压力后，方可进行修理或更换。

4. 施工设备的安全防护

（1）各种电气设备，如室内照明灯、电动机、电气开关等都应按防爆等级规定进行安装。

（2）施工机械使用前，应检查机械各部位并试运转，认为完好后才能正式操作。在工作结束后，将机械清洗干净并妥善保管。

（3）严禁操作人员拆卸风动打磨工具的消音器和调整转速的调节阀。

二、涂料施工的卫生防护

在涂料施工过程中，不可避免地会遇到一些有害物质，如涂料施工中使用的苯类溶剂和某些颜料，在粘贴施工时使用的溶剂型胶黏剂，清除油污时采用的汽油、松香水之类的洗涤剂，表面处理时使用的草酸、氨水、漂白粉等。这些物质危害人体健康，如苯会抑制人体造血功能，易使白细胞、红细胞、血小板减少；酯类和三氯乙烯对人体黏膜有刺激性，易引起结膜炎、咽喉炎；铅（烟、尘）、铬（尘）、粉尘等易引起中毒，使皮肤或呼吸系统过敏。因此，在施工中必须注意安全卫生防护。

（1）施工现场保持良好通风，不要在密闭的房间内进行溶剂型涂料的施工。

（2）涂料不要长时间与皮肤接触，乳胶涂料虽然比油性涂料安全一些，但仍对人体有害。施工操作前，暴露在外的双手和脸部应涂抹凡士林保护，工作结束后，洗净手和脸部，并涂抹凡士林于裸露的皮肤处，以防止皮肤过敏。涂刷顶棚时应佩戴防护眼镜和披风帽。

（3）黏在皮肤上的涂料应用肥皂水或热水洗去。油性漆可用菜油、白油清洗。如涂料溅入眼睛内，应立即用清水冲洗 10 min，然后立即就医。

（4）严禁在施工现场喝水或饮食。饭前或下班后要洗净手、脸，换下工作服。

（5）严禁涂料进入口、眼中，若进入口、眼必须用清水冲洗，并迅速就医。

（6）保证空气流通（排气或换气），防止溶剂蒸气聚集。如大量吸入溶剂蒸气，出现不适症状时，应迅速离开工作现场，到室外呼吸新鲜空气。待症状消失后，方可重新施工。如发现急性中毒现象，应及时组织抢救。

（7）清理旧涂层，特别是含铅涂层时，应喷湿涂层。打磨的细粉末应在干燥前清除干净，以防止含铅粉尘吸入体内。

（8）使用煤油、汽油、松香水、丙酮等易燃材料调配时，应佩戴防护用品。

（9）使用钢丝刷、板锉、气动或电动工具清除金属锈蚀时，应佩戴防护眼镜。

（10）涂刷红丹防锈漆及含铅颜料的涂料时，要戴防毒口罩以防中毒。

（11）施工过程中，如感觉头痛、心悸或恶心，应立即停止工作远离工作地点到通风处换气，如仍不能缓解，应及时就医。

（12）大面积涂刷墙面或地板时，应经常调换作业人员，以防长时间操作导致中毒。

（13）施工人员应定期体检，有中毒症状的应及时治疗。

（14）刷涂耐酸、耐腐蚀的过氯乙烯漆时，由于气味较大、有毒性，操作时应佩戴防毒口罩，并每隔 1 h 到室外换气一次。

三、应急处理预案

1. 涂料中毒的应急处理预案

一旦发生人员中毒，应急处理人员在穿戴好空气呼吸器、防护服的情况下，迅速将中毒者救离泄漏区，急救后迅速就医。

（1）皮肤接触。脱去被污染的衣服，用肥皂水和清水彻底冲洗皮肤。

（2）眼睛接触。提起眼睑，用流动的清水或生理盐水彻底冲洗。

（3）吸入。迅速脱离现场至空气清新处，保持呼吸道通畅。如呼吸困难，给输氧；如呼吸停止，立即进行人工呼吸。

（4）食入。饮足量温水，催吐。

2. 物料泄漏的应急处理预案

（1）迅速撤离泄漏污染区人员至安全区，并进行隔离，严格限制出入。

（2）切断火源。

（3）建议应急处理人员戴自给正压式呼吸器，穿消防防护服。

（4）尽可能切断泄漏源，防止进入下水道、排洪沟等限制性空间。

（5）少量泄漏可用活性炭或其他惰性材料吸收。也可以用大量水冲洗稀释后排入废水系统。

（6）大量泄漏需要构筑围堤或挖坑收容；用泡沫覆盖，降低蒸气灾害。喷雾状水冷却和稀释蒸气，把泄漏物稀释成不燃物。用防爆泵转移至槽车或专用收集器内，回收或运至废物处理场所。

模块二　火灾扑救与逃生

一般油漆涂料多是易燃易爆的化学品，在涂料施工时，大量可燃气体挥发到空气中，非常容易出现燃烧或者爆炸事故。尤其在高层建筑发生火灾，逃生难度较大。因此火灾的扑救与逃生技能尤为重要。

一、火灾扑救

1. 树立火灾防范意识

我国的消防方针是：预防为主、防消结合。平时就要树立火灾防范意识，养成熟悉紧急逃生路线的习惯。

（1）施工场地必须备有足够的灭火器、石棉毡、黄砂箱和其他灭火工具。

（2）施工人员应熟悉灭火器材的存放位置，并能够熟练使用各种灭火器材。

（3）火灾发生后往往是烟雾弥漫，看不到道路。因此应清楚自己所处的位置，知道哪条路可以通行到室外，要达到闭着眼睛也能找到逃生通道的程度。

2. 准备应急物品

平时应准备好应急物品。除建筑物上固定的消火栓和灭火器、水桶外，施工人员还应备有毛巾（手帕）、水壶（瓶装水）随身携带，这两件物品在火灾逃生中至关重要。

3. 常用灭火方法

除了汽油、涂料稀释剂等液体大面积起火外，其他应尽力扑救。可用现场能找到的砂、石、石灰、水泥、石棉毡等将火压灭，用灭火器扑灭。如果现场人多，应一部分人灭火，另一部分人清除火焰周围的可燃物，避免火焰进一步蔓延。

常用消防器材有干粉灭火器和二氧化碳灭火器。

（1）干粉灭火器灭火。干粉灭火器适用于扑救各种易燃、可燃液体和易燃、可燃气体火灾以及电器设备火灾，如图 6—1 所示。

干粉灭火器的使用方法如下。

1）一只手拖着压把，另一只手拖着灭火器底部，轻轻取下灭火器。

2）手提或肩扛灭火器快速奔到现场，在距离燃烧处 5 m 左右放下灭火器。

3）干粉灭火器为内置式储气瓶的或者是储压式的，应先将开启把上的保险销拔下。

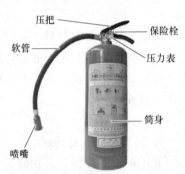

图 6—1　干粉灭火器

4）站在距火源 2 m 的地方，一只手握住喷射软管前端喷嘴部，另一只手将开启压把压下，打开灭火器进行灭火。

5）干粉喷出后，迅速对准火焰的根部扫射，使喷嘴喷射出的干粉覆盖整个燃烧区，直至将火焰全部扑灭。

（2）二氧化碳灭火器灭火。二氧化碳灭火器适用于各种易燃、可燃液体和可燃气体火灾，还可扑救仪器仪表和低压电器设备等的初起火灾，如图6—2所示。

二氧化碳灭火器的使用方法如下。

1）用一只手握着压把，另一只手拖着灭火器底部，轻轻取下灭火器。

2）手提或扛着灭火器快速奔到现场，在距离燃烧物5 m左右放下灭火器。

3）除掉铅封，拔出保险销。

4）站在距火源2 m的地方，一手握住喇叭筒根部的手柄，另一只手用力压下启闭阀的压把。

5）喇叭筒对着火源根部喷射，并不断推进，直至将火焰全部扑灭。

图6—2 二氧化碳灭火器

4. 及时报警

如果发现火势难以控制，应尽快撤离现场，并拨打报警电话119。报警时应详细说明火灾地点、附近的明显目标、具体燃烧物品、火势情况等，并留下联系电话，以便消防车找不到目标及时联系。

及时报警很重要，可以降低救火难度及减小火灾损失。

二、火灾逃生技巧

1. 逃生时的姿势

大量的火灾事实证明，火灾中死亡的人有70%以上是由于吸入了有毒烟雾，因此防烟和防火同等重要。

一般情况下，烟雾比空气稍轻，因此会往上扩散。当大火初起烟雾还没有弥漫开来时，应尽快离开火灾现场。

当烟雾弥漫在胸部以上高度时，采取弯腰慢跑，使头部在烟雾以下；当烟雾弥漫在距离地面几十厘米，甚至降到地面时应匍匐而行，如图6—3所示，因为离地面越近烟雾浓度越低，贴近地面部分是可供呼吸的空气层。

2. 湿毛巾堵口鼻

火灾案例证明，在充满有毒烟雾的环境下，逃生人员如果没有口鼻防护，又不采取身体放低的姿势躲开有毒烟雾，最多移动 30 m 就会因为中毒而倒下。因此在穿过烟雾区时，要注意口鼻的防护。一条普通的毛巾，如折叠成 16 层，烟雾消除率可达 90％以上；如折叠成 8 层，烟雾消除率可达 60％。在做好口鼻防护的情况下，人在充满强烈刺激性烟雾的环境中缓慢行走 15 m，都不会有太大的感觉。另外，湿毛巾在消除烟雾和刺激物质方面比干毛巾更为优越适用，但也应注意毛巾不要过湿，以免造成呼吸困难。油漆工可以戴上随身配备的防毒面罩或口罩。如果以上提及的物品都没有，也可以用衣服替代。

图 6—3　匍匐而行，用湿毛巾掩住口鼻

3. 找准逃生方向

逃生方向是否正确，关系到逃生人员的生死存亡。逃生方案在未发生火灾时就应准备好，火灾发生时要冷静判断，采用哪个方案能最快离开火灾现场。

（1）如果着火点位于自己所处位置的上层，应向楼下逃生，直达安全地点；但如果下层通道已经被火和烟雾封死，应尽快往楼上逃生，楼顶平台是一个比较安全的场所。在向上逃生的过程中，如果发现自己被烟火追赶，应果断地改选横向逃生路线，从另一层楼的走廊通道逃生，或退守到该层有利于逃避的房间内，寻找其他的自救方法。千万不要跟火焰和烟雾赛跑。

（2）如果火势不是很强，但是挡住了逃生通道，又无处可去时，可以强行通过火焰区。逃生前最好用水将衣服浇湿，包住头部等裸露部位；如果衣服着火时要就地打滚，压住火苗，不宜用手拍打或带火奔跑。

4. 逃生时的错误做法

（1）向光亮处跑。如果火灾在白天应分清光亮处是阳光还是火光；在夜间因为电源已被切断或造成短路跳闸，光亮处是灯光的可能性很小，90％可能是火光。

（2）盲目追随。当人突然面临危险状态时，极易因惊慌失措而失去正常的判断能力。当听到或看到有什么人在前面跑动时，就会跟随其后，于是众人都朝一个出口奔去，造成堵塞。有时甚至前面的人跳楼，后面的人也会跟着跳下。

（3）除必要的联络外，不要呼喊，呼喊会使烟雾更快地进入口腔，造成伤害。

（4）逃进普通电梯。普通电梯在火灾发生时都会断电，一旦进入电梯，可能会关在里面出不来。同时电梯井内会很快进入烟火，人在电梯内会窒息而死。火灾中保证不断电的是供消防员用的消防电梯。逃生人员应逃往疏散楼梯间或专设避难房间。有应急指示灯的应按照指示灯的引领方向逃生。

（5）盲目跳楼。在身居高层的情况下，可用房间内的床单、塑料绳、编织袋等做成绳索，系在窗户或阳台的构件上滑到地面上。如果没有这些物品也要耐心等待救援，救援人员一旦找到被困者，会准备云梯车或救生气垫将其救出。

建筑油漆工基本技能课时建议

一、培训目标

通过培训，培训对象可以在建筑企业从事建筑油漆工相关工作。

1. 理论知识培训目标

（1）了解涂料命名、分类和编号；常用涂料与辅助材料的种类、用途等。

（2）熟悉涂饰工艺质量验收标准。

（3）熟悉不同基层的特性。

（4）掌握内外墙面一般刷浆、内墙面乳胶漆和调和漆、金属面防锈漆和调和漆等涂饰施工的操作工艺流程与要点。

（5）掌握涂料储存与保管方法。

（6）掌握正确的安全防护与逃生方法。

2. 操作技能培训目标

（1）能正确使用与维护清除、嵌批、打磨、刷涂、滚涂等工具。

（2）正确掌握涂饰前的基层处理的操作方法。

（3）掌握嵌批、打磨、刷涂、滚涂等操作技法。

（4）能进行内外墙面一般刷浆、内墙面乳胶漆和调和漆、金属面防锈漆和调和漆等施涂方法。

（5）能正确使用灭火器材。

二、培训中应注意的问题

1. 培训中注重理论联系实际，重点介绍涂饰前的基层处理、涂饰技法、操作工艺和常用工具、机具的使用等操作技能内容。

2. 由于溶剂型涂料、有机溶剂、胶黏剂、颜料等，多含有苯、甲醛、铅等有害物质，施工中可燃气体的蒸发可能会造成燃烧或爆炸。因此培训中要加强学员安全意识的培养，同时应强化安全防护、卫生防护和防火自救的训练。

三、培训课时安排

总课时：112 课时

理论知识课时：44 课时

操作技能课时：68 课时

具体培训课时分配见下表。

培训课时分配表

培训内容	理论知识课时	操作技能课时	总课时	培训建议
第一单元　涂料的基本知识	**6**	**2**	8	重点：涂料的种类、储存与保管 难点：涂料的分类、命名和编号
模块一　概述	4			
模块二　常用涂料与辅助材料	1			
模块三　涂料的储存与保管	1	2		
第二单元　常用工具、机具的使用与维护	**8**	**14**	22	重点：常用工具、机具的使用和维护保管方法 难点：常用工具、机具的种类和选择方法
模块一　清除工具的使用与维护	1	2		
模块二　嵌批工具的使用与维护	1	2		
模块三　打磨工具的使用与维护	2	2		
模块四　刷涂工具的使用与维护	1	2		
模块五　滚涂工具的使用与维护	1	2		
模块六　其他工具的使用与维护	1	2		
模块七　常用机具的使用与维护	1	2		

培训内容	理论知识课时	操作技能课时	总课时	培训建议
第三单元　涂饰前的基层处理	**6**	**10**	16	重点：常见木基层、金属基层的处理方法 难点：其他基层、老旧基层的处理方法
模块一　基层特性及涂饰对基层的基本要求	1	2		
模块二　木基层的处理	2	2		
模块三　金属基层的处理	1	2		
模块四　其他基层的处理	1	2		
模块五　老旧基层的处理	1	2		
第四单元　涂饰基本技法	**8**	**16**	24	重点：嵌批、打磨的操作技法 难点：刷涂、滚涂的操作技法
模块一　嵌批	2	4		
模块二　打磨	2	4		
模块三　刷涂	2	4		
模块四　滚涂	2	4		
第五单元　涂饰施工工艺	**12**	**18**	30	重点：常见涂饰工艺的施工方法 难点：操作流程和操作要点
模块一　一般刷浆涂饰施工工艺	4	6		
模块二　内墙面涂饰施工工艺	4	6		
模块三　金属面涂饰施工工艺	4	6		

培训内容	理论知识课时	操作技能课时	总课时	培训建议
第六单元 安全防护与防火自救	**4**	**8**	12	重点：安全防护常识与逃生方法 难点：消防器材的使用方法
模块一 安全防护常识	2	4		
模块二 火灾扑救与逃生	2	4